高职高专计算机任务驱动模式教材

MySQL数据库原理与应用
（微课版）

郭 华 杨眷玉 陈 阳 主 编
黎 阳 田 勇 黄 超 副主编

清华大学出版社
北京

内 容 简 介

本书从初学者角度出发，通过通俗易懂的语言、丰富多彩的实例，由浅入深地介绍了 MySQL 数据库应用的相关知识。书中提供了大量的实例操作的微课视频，可以帮助读者更好地进行学习。

本书共有 12 章内容，包括数据库简介、安装及使用 MySQL、数据类型、创建数据库和表、查询数据、运算符、MySQL 函数、存储过程、触发器、索引、视图及用户权限管理等内容。所有知识都结合具体示例进行介绍，重难点内容还配备了微课视频，扫描二维码即可轻松学习。

本书适合所有 MySQL 数据库初学者快速入门，对大中专院校的学生更是一本理想的教材。

本书封面贴有清华大学出版社防伪标签，无标签者不得销售。
版权所有，侵权必究。举报：010-62782989，beiqinquan@tup.tsinghua.edu.cn。

图书在版编目(CIP)数据

MySQL 数据库原理与应用：微课版/郭华，杨眷玉，陈阳主编. —北京：清华大学出版社，2020.3（2022.1重印）
高职高专计算机任务驱动模式教材
ISBN 978-7-302-55032-7

Ⅰ.①M… Ⅱ.①郭… ②杨… ③陈… Ⅲ.①SQL 语言－程序设计－高等职业教育－教材 Ⅳ.①TP311.138

中国版本图书馆 CIP 数据核字(2020)第 039985 号

责任编辑：张龙卿
封面设计：徐日强
责任校对：袁　芳
责任印制：杨　艳

出版发行：清华大学出版社
　　网　　址：http://www.tup.com.cn, http://www.wqbook.com
　　地　　址：北京清华大学学研大厦 A 座　　　　邮　编：100084
　　社 总 机：010-62770175　　　　　　　　　　邮　购：010-62786544
　　投稿与读者服务：010-62776969，c-service@tup.tsinghua.edu.cn
　　质量反馈：010-62772015，zhiliang@tup.tsinghua.edu.cn
　　课件下载：http://www.tup.com.cn，010-83470410

印 刷 者：北京富博印刷有限公司
装 订 者：北京市密云县京文制本装订厂
经　　销：全国新华书店
开　　本：185mm×260mm　　印　张：10.75　　字　数：242 千字
版　　次：2020 年 4 月第 1 版　　　　　　　　　印　次：2022 年 1 月第 4 次印刷
定　　价：39.00 元

产品编号：087207-01

编审委员会

主　　任：杨　云

主任委员：（排名不分先后）

　　　　　　张亦辉　高爱国　徐洪祥　许文宪　薛振清　刘　学　刘文娟
　　　　　　窦家勇　刘德强　崔玉礼　满昌勇　李跃田　刘晓飞　李　满
　　　　　　徐晓雁　张金帮　赵月坤　国　锋　杨文虎　张玉芳　师以贺
　　　　　　张守忠　孙秀红　徐　健　盖晓燕　孟宪宁　张　晖　李芳玲
　　　　　　曲万里　郭嘉喜　杨　忠　徐希炜　齐现伟　彭丽英　康志辉

委　　员：（排名不分先后）

　　　　　　张　磊　陈　双　朱丽兰　郭　娟　丁喜纲　朱宪花　魏俊博
　　　　　　孟春艳　于翠媛　邱春民　李兴福　刘振华　朱玉业　王艳娟
　　　　　　郭　龙　殷广丽　姜晓刚　单　杰　郑　伟　姚丽娟　郭纪良
　　　　　　赵爱美　赵国玲　赵华丽　刘　文　尹秀兰　李春辉　刘　静
　　　　　　周晓宏　刘敬贤　崔学鹏　刘洪海　徐　莉　高　静　孙丽娜

秘　书　长：陈守森　平　寒　张龙卿

出版说明

我国高职高专教育经过十几年的发展,已经转向深度教学改革阶段。教育部于 2012 年 3 月发布了教高〔2012〕第 4 号文件《关于全面提高高等教育质量的若干意见》,重点建设一批特色高职学校,大力推行工学结合,突出实践能力培养,全面提高高职高专教学质量。

清华大学出版社作为国内大学出版社的领跑者,为了进一步推动高职高专计算机专业教材的建设工作,适应高职高专院校计算机类人才培养的发展趋势,2012 年秋季开始了切合新一轮教学改革的教材建设工作。该系列教材一经推出,就得到了很多高职院校的认可和选用,其中部分书籍的销售量超过了三四万册。现根据计算机技术发展及教改的需要,重新组织优秀作者对部分图书进行改版,并增加了一些新的图书品种。

目前,国内高职高专院校计算机相关专业的教材品种繁多,但符合国家计算机技术发展需要的技能型人才培养方案并能够自成体系的教材还不多。

我们组织国内对计算机相关专业人才培养模式有研究并且有丰富的实践经验的高职高专院校进行了较长时间的研讨和调研,遴选出一批富有工程实践经验和教学经验的"双师型"教师,合力编写了该系列适用于高职高专计算机相关专业的教材。

本系列教材是以任务驱动、案例教学为核心,以项目开发为主线而编写的。我们研究分析了国内外先进职业教育的教改模式、教学方法和教材特色,消化吸收了很多优秀的经验和成果,以培养技术应用型人才为目标,以企业对人才的需要为依据,将基本技能培养和主流技术相结合,保证该系列教材重点突出、主次分明、结构合理、衔接紧凑。其中的每本教材都侧重于培养学生的实战操作能力,使学、思、练相结合,旨在通过项目实践,增强学生的职业能力,并将书本知识转化为专业技能。

一、教材编写思想

本系列教材以案例为中心,以技能培养为目标,围绕开发项目所用到的知识点进行讲解,并附上相关的例题来帮助读者加深理解。

在系列教材中采用了大量的案例，这些案例紧密地结合教材中介绍的各个知识点，内容循序渐进、由浅入深，在整体上体现了内容主导、实例解析、以点带面的特点，配合课程采用以项目设计贯穿教学内容的教学模式。

二、丛书特色

本系列教材体现了工学结合的教改思想，充分结合目前的教改现状，突出项目式教学改革的成果，着重打造立体化精品教材。具体特色包括以下方面。

（1）参照和吸纳国内外优秀计算机专业教材的编写思想，采用国内一线企业的实际项目或者任务，以保证该系列教材具有更强的实用性，并与理论内容有很强的关联性。

（2）准确把握高职高专计算机相关专业人才的培养目标和特点。

（3）每本教材都通过一个个的教学任务或者教学项目来实施教学，强调在做中学、学中做，重点突出技能的培养，并不断拓展学生解决问题的思路和方法，以便培养学生未来在就业岗位上的终身学习能力。

（4）借鉴或采用项目驱动的教学方法和考核制度，突出计算机技术人才培养的先进性、实践性和应用性。

（5）以案例为中心，以能力培养为目标，通过实际工作的例子来引入相关概念，尽量符合学生的认知规律。

（6）为了便于教师授课和学生学习，清华大学出版社网站（www.tup.com.cn）免费提供教材的相关教学资源。

当前，高职高专教育正处于新一轮教学深度改革时期，从专业设置、课程体系建设到教材建设，依然有很多新课题值得我们不断研究。希望各高职高专院校在教学实践中积极提出本系列教材的意见和建议，并及时反馈给我们。清华大学出版社将对已出版的教材不断地进行修订并使之更加完善，以提高教材质量，完善教材服务体系，继续出版更多的高质量教材，从而为我国的职业教育贡献我们的微薄之力。

编审委员会
2017 年 3 月

前　言

　　数据库技术是计算机科学技术中发展较快的技术之一，也是应用较广的技术之一，它已成为计算机信息系统与应用系统的核心技术和重要基础。数据库技术的快速发展，需要有与之配套的高质量教材。高质量的教材是体现高职高专教育特色的知识载体和教学的基本工具，也是培养高质量人才的基本保证，是高职院校教育教学工作的重要组成部分。目前符合高职教育规律、符合应用型人才培养目标的数据库技术教材严重不足，本书是结合目前高职院校教学现状对教材编写进行的一次探索。

　　编者在多年的教学过程中使用过很多不同的数据库教材，大多数的教材会选用不同的数据库作为教学案例，而例题中所涉及的数据库及表数据也不会给出，表的字段及记录不清晰，对学生理解 SQL 命令的执行结果造成一定的困扰，增加了学习难度。

　　针对上述问题，本书进行了大胆尝试，主要特色如下。

　　(1) 案例驱动：本书的 12 章中，每章都选取了多个案例，这些案例都是以同学们较为熟悉的"选课""学生信息""课程信息"等作为数据来源，学生容易理解。

　　(2) 案例微课化：重点章节均录制了微课视频，帮助学生进行预习、复习，大大提升了学生的自学效率。

　　(3) 基于同一数据库：同一章节里所使用的都是同一个数据库，基于相同的数据表和数据，学生更容易快速理解命令执行的结果，从而更深入地理解和记忆相关 SQL 命令。

　　(4) "教、学、练"一体化：每个章节的案例知识点都由教师演示教授，学生理解操作，进一步进行相关的练习，达到对知识点的融会贯通和举一反三。

　　本书由郭华、杨眷玉、陈阳担任主编，黎阳、田勇、黄超担任副主编。本书在编写过程中得到了同行的大力支持和帮助，在此一并表示感谢。

由于编者水平有限,书中疏漏和不足之处在所难免,恳请读者批评、指正。本书配有电子教案,可以到清华大学出版社官网下载。

编　者

2020 年 1 月

目　录

第 1 章　数据库简介 … 1
1.1　了解数据库的基本知识 … 1
1.1.1　课程定位 … 1
1.1.2　数据库的相关知识点及概念 … 2
1.1.3　数据库技术的发展阶段 … 3
1.1.4　数据库技术的构成 … 4
1.1.5　常见数据库简介 … 6
1.2　数据库关系模型的设计 … 7
1.2.1　数据模型概述 … 7
1.2.2　概念模型 … 8
1.2.3　E-R 图的设计 … 10
1.2.4　建立数据库的关系模型 … 12
1.2.5　关系数据库的设计步骤 … 14
1.3　小结 … 15
1.4　习题 … 15

第 2 章　安装及使用 MySQL … 16
2.1　安装与配置 MySQL … 16
2.2　启动服务并登录 MySQL 数据库 … 25
2.2.1　启动 MySQL 服务 … 25
2.2.2　登录 MySQL 数据库 … 27
2.2.3　配置 Path 变量 … 28
2.3　更改 MySQL 的配置 … 29
2.3.1　通过配置向导更改 MySQL 的配置 … 30
2.3.2　手动更改 MySQL 的配置 … 30
2.4　MySQL 常用图形管理工具 … 31
2.5　使用免安装的 MySQL … 33
2.6　小结 … 35

2.7 习题 ………………………………………………………………………………… 35

第 3 章 数据类型 …………………………………………………………………… 36

3.1 整数类型 ……………………………………………………………………… 36
3.2 浮点数和定点数类型 ………………………………………………………… 38
3.3 字符串类型 …………………………………………………………………… 38
    3.3.1 char 类型和 varchar 类型 ………………………………………… 38
    3.3.2 enum 类型 ………………………………………………………… 39
    3.3.3 set 类型 …………………………………………………………… 39
3.4 日期和时间类型 ……………………………………………………………… 40
    3.4.1 year 类型 ………………………………………………………… 40
    3.4.2 time 类型 ………………………………………………………… 41
    3.4.3 date 类型 ………………………………………………………… 41
    3.4.4 datetime 类型 …………………………………………………… 42
3.5 小结 …………………………………………………………………………… 43
3.6 习题 …………………………………………………………………………… 44

第 4 章 创建数据库和表 …………………………………………………………… 45

4.1 创建数据库 …………………………………………………………………… 45
4.2 删除数据库 …………………………………………………………………… 46
4.3 数据库存储引擎 ……………………………………………………………… 47
    4.3.1 MySQL 存储引擎简介 …………………………………………… 47
    4.3.2 InnoDB 存储引擎 ………………………………………………… 49
    4.3.3 MyISAM 存储引擎 ……………………………………………… 49
    4.3.4 MEMORY 存储引擎 …………………………………………… 49
    4.3.5 存储引擎的选择 ………………………………………………… 50
4.4 创建、修改、删除数据表 …………………………………………………… 51
    4.4.1 创建数据表 ……………………………………………………… 51
    4.4.2 约束 ……………………………………………………………… 52
    4.4.3 查看表结构 ……………………………………………………… 56
    4.4.4 修改数据表 ……………………………………………………… 56
    4.4.5 删除数据表 ……………………………………………………… 60
4.5 插入、更新、删除数据 ……………………………………………………… 60
    4.5.1 插入数据 ………………………………………………………… 60
    4.5.2 修改数据 ………………………………………………………… 63
    4.5.3 删除数据 ………………………………………………………… 63
4.6 小结 …………………………………………………………………………… 64
4.7 习题 …………………………………………………………………………… 64

第5章 查询数据 ... 67

- 5.1 单表查询 ... 67
  - 5.1.1 查询表中所有的数据 ... 68
  - 5.1.2 查询指定字段 ... 68
  - 5.1.3 查询指定记录 ... 69
  - 5.1.4 对查询结果排序 ... 73
  - 5.1.5 分组查询 ... 74
  - 5.1.6 使用 limit 限制查询结果的条数 ... 76
  - 5.1.7 聚合函数 ... 77
- 5.2 连接查询 ... 78
  - 5.2.1 内连接查询 ... 78
  - 5.2.2 外连接查询 ... 79
- 5.3 子查询 ... 81
  - 5.3.1 使用比较运算符的子查询 ... 81
  - 5.3.2 使用 in 关键字的子查询 ... 82
  - 5.3.3 使用 exists 关键字的子查询 ... 82
  - 5.3.4 使用 any 关键字的子查询 ... 83
  - 5.3.5 使用 all 关键字的子查询 ... 83
- 5.4 小结 ... 84
- 5.5 习题 ... 84

第6章 运算符 ... 86

- 6.1 算术运算符 ... 86
- 6.2 比较运算符 ... 87
  - 6.2.1 "="运算符 ... 87
  - 6.2.2 "<>"和"!="运算符 ... 88
  - 6.2.3 "<=>"运算符 ... 88
  - 6.2.4 ">"">=""<""<="运算符 ... 89
  - 6.2.5 in 运算符 ... 89
  - 6.2.6 like 运算符 ... 89
  - 6.2.7 regexp 运算符 ... 90
- 6.3 逻辑运算符 ... 90
  - 6.3.1 与运算 ... 91
  - 6.3.2 或运算 ... 91
  - 6.3.3 非运算 ... 92
  - 6.3.4 异或运算 ... 92
- 6.4 位运算符 ... 93

6.4.1　按位与 ………………………………………………………………… 93
　　6.4.2　按位或 ………………………………………………………………… 94
　　6.4.3　按位取反 ……………………………………………………………… 94
　　6.4.4　按位异或 ……………………………………………………………… 95
　　6.4.5　按位左移与按位右移 ………………………………………………… 95
　6.5　运算符的优先级 …………………………………………………………… 95
　6.6　小结 ………………………………………………………………………… 96
　6.7　习题 ………………………………………………………………………… 96

第 7 章　MySQL 函数 …………………………………………………………… 97

　7.1　MySQL 函数简介 …………………………………………………………… 97
　7.2　字符串函数 ………………………………………………………………… 97
　　7.2.1　字符数和字符串长度函数 …………………………………………… 97
　　7.2.2　concat 函数 …………………………………………………………… 98
　　7.2.3　insert 函数 ……………………………………………………………… 98
　　7.2.4　left 函数和 right 函数 ………………………………………………… 99
　7.3　数学函数 …………………………………………………………………… 99
　　7.3.1　abs 函数 ………………………………………………………………… 99
　　7.3.2　ceil 函数和 floor 函数 ………………………………………………… 99
　　7.3.3　rand 函数 ……………………………………………………………… 100
　7.4　时间函数 …………………………………………………………………… 100
　　7.4.1　获取当前日期的函数 ………………………………………………… 100
　　7.4.2　获取当前日期和时间的函数 ………………………………………… 101
　　7.4.3　month 函数和 monthname 函数 …………………………………… 101
　　7.4.4　datediff 函数 ………………………………………………………… 102
　7.5　小结 ………………………………………………………………………… 102
　7.6　习题 ………………………………………………………………………… 102

第 8 章　存储过程 ……………………………………………………………… 103

　8.1　了解存储过程 ……………………………………………………………… 103
　　8.1.1　存储过程的概念 ……………………………………………………… 103
　　8.1.2　存储过程的优缺点 …………………………………………………… 104
　8.2　创建存储过程 ……………………………………………………………… 104
　　8.2.1　使用 T-SQL 语句创建存储过程 ……………………………………… 104
　　8.2.2　调用存储过程 ………………………………………………………… 105
　　8.2.3　查看存储过程 ………………………………………………………… 106
　8.3　局部变量的使用 …………………………………………………………… 108
　8.4　流程控制语句 ……………………………………………………………… 109

| 8.4.1   if...else 语句 ································· 109
| 8.4.2   while 循环语句 ································ 110
| 8.4.3   case 表达式 ··································· 110
| 8.5 管理存储过程 ·· 112
| 8.5.1   修改存储过程 ································· 112
| 8.5.2   删除存储过程 ································· 113
| 8.6 小结 ·· 114
| 8.7 习题 ·· 114

第 9 章　触发器 ·· 115

| 9.1 认识触发器 ··· 115
| 9.2 创建触发器 ··· 115
| 9.2.1   创建触发其他表数据更新的触发器 ······· 116
| 9.2.2   创建触发自表数据更新的触发器 ·········· 117
| 9.3 查看触发器 ··· 117
| 9.4 删除触发器 ··· 119
| 9.5 小结 ·· 119
| 9.6 习题 ·· 119

第 10 章　索引 ·· 120

| 10.1 索引概述 ·· 120
| 10.1.1   索引的概念 ···································· 120
| 10.1.2   索引的优缺点 ································· 121
| 10.1.3   索引的使用原则 ······························ 121
| 10.2 索引的分类 ··· 121
| 10.3 创建索引 ·· 122
| 10.3.1   在创建表时创建索引 ························ 122
| 10.3.2   在已经存在的表中建立索引 ··············· 123
| 10.4 删除索引 ·· 124
| 10.5 小结 ·· 124
| 10.6 习题 ·· 125

第 11 章　视图 ·· 126

| 11.1 视图概述 ·· 126
| 11.1.1   视图的定义 ···································· 126
| 11.1.2   视图的作用 ···································· 127
| 11.1.3   视图的特性 ···································· 127
| 11.2 视图的操作 ··· 128

		11.2.1	创建视图	129
		11.2.2	查询视图	130
		11.2.3	使用视图	132
		11.2.4	修改视图	132
		11.2.5	删除视图	133

	11.3	视图的应用		133
		11.3.1	通过视图添加数据	133
		11.3.2	通过视图更新数据	137
	11.4	视图限制		139
	11.5	小结		140
	11.6	习题		140

第 12 章 用户权限管理 … 141

	12.1	添加和删除用户		141
		12.1.1	添加用户	141
		12.1.2	删除用户	143
		12.1.3	修改用户账户名	145
		12.1.4	修改密码	145
	12.2	权限管理		146
		12.2.1	权限	146
		12.2.2	授权权限	148
		12.2.3	撤销授予权限	152
	12.3	小结		153
	12.4	习题		153

参考文献 … 155

第 1 章 数据库简介

随着人类社会的发展和科技的进步,数据挖掘、大数据分析、云计算、人工智能、区块链等新兴技术成了时下的热门技术,这些新兴的热门技术无一不将数据作为核心内容,因此,海量数据的有效组织、存储、处理和共享变得尤为重要,这也促使了数据库技术的不断更新和快速发展。学好数据库相关技术和基础知识,可以为今后更深入地学习或就业奠定重要的基础。

本章主要内容如下:
- 了解课程的定位及掌握数据库的基础知识。
- 了解数据库的发展阶段、SQL 语言命令和数据库访问接口。
- 熟悉数据模型及其分类。
- 掌握利用 E-R 图描述概念模型。
- 重点掌握将 E-R 图转换成关系模型。
- 熟悉关系数据库的设计步骤。

【相关单词】
(1) data:数据　　　　　　　　(2) information:信息
(3) database:数据库　　　　　(4) entity:实体
(5) relationship:关系　　　　 (6) attribute:属性
(7) key:键　　　　　　　　　　(8) model:模型

1.1 了解数据库的基本知识

熟练掌握数据库的基础知识,了解数据库技术的发展阶段、SQL 语言命令和数据库访问接口等,对数据库技术和后续知识及内容的学习极为重要。

1.1.1 课程定位

1. 为什么要学习"MySQL 数据库原理与应用"课程

"MySQL 数据库原理与应用"课程是计算机应用技术相关专业的一门专业必修课,是程序开发、网络程序设计的基础课程之一。通过对"MySQL 数据库原理与应用"课程的学习,能够提高读者操作和使用数据库的能力;结合PHP、Java等程序设计语言的学习,能够进行软件的开发和网站的建设,承担软件编码或者软件测试等相关工作。

2. "MySQL 数据库原理与应用"课程主要学习的知识

课程包括以下内容:数据库的基础知识,MySQL 数据库的安装与配置,MySQL 数据库的数据类型,数据库的创建、删除及存储引擎,数据库的查询,数据库中运算符的使用,数据库函数的运用,数据库的存储过程、触发器及索引,数据库视图及数据库权限的管理。

3. 怎么学习"MySQL 数据库原理与应用"课程

MySQL 数据库中,数据类型、运算符、数据库的基本操作及权限管理是需要掌握的基础知识要点,在此基础上,数据库的查询、函数的使用、存储过程、触发器、索引、视图也是必要的知识。编者认为,不能仅仅学习数据库知识而忽略与它相关的程序设计语言和相关主流软件开发平台,因此建议读者在学习"MySQL 数据库原理与应用"课程时结合至少1门程序设计语言进行学习。

1.1.2 数据库的相关知识点及概念

数据库由数据库管理员操作数据库管理系统并完成数据的存储,以便后期其他程序可以对数据进行传输、分析和应用。

1. 信息

现阶段正处于一个信息爆炸的时代,所有的人类活动都离不开信息。1948年,数学家香农曾提出:"信息是用来消除随机不定性的东西。"

控制论创始人维纳提出了信息的经典性定义:"信息是人们在适应外部世界,并使这种适应反作用于外部世界的过程中,同外部世界进行互相交换的内容和名称。"

不同的专业领域对信息的定义不一样,科学的信息定义是:信息是对客观世界中各种事物的运动状态和变化的反映,是客观事物之间相互联系和相互作用的表征,表现的是客观事物运动状态和变化的实质内容。

提前查看天气变化的信息,可以决定是否带伞;查看公交车到站时间的信息,可以决定何时出门;查看商家的促销信息,可以决定何时购买商品更划算等。这都是人类利用信息解决日常生活问题的依据。

2. 数据

数据(data)是对客观事件进行记录并便于人们鉴别的符号,是对客观事物的性质、状态以及相互关系等进行记载的物理符号或这些物理符号的组合,它是可识别的、抽象的符号。数据不仅指数字,还包含某些具有特定意义的文字、字母、数字符号的组合、图形、图像、视频、音频等,也是客观事物的属性、数量、位置及其相互关系的抽象表示。

信息与数据的区别和联系：信息是数据的内涵，是对数据做有意义的解释；数据则生动具体地表达出信息。信息是对数据进行加工处理之后所得到的并对决策产生影响的数据，具有逻辑性和观念性。数据本身没有意义，数据只有对实体行为产生影响时才能成为信息。例如商家依据客户购买习惯、经济能力、年龄等数据，建立不同客户的人群肖像，然后根据不同的消费群体情况，对不同的商品有针对性地发布促销活动和个性化推荐信息。

连续的数值可以是声音或者图像等，称作模拟数据；离散的数值，如符号、文字等，称作是数字数据。

在计算机中，用二进制数制中的0和1组成的数字序列表示数据。

3. 数据库

数据库(Database，DB)是存放数据的仓库，它是以一定结构方式存储在计算机内的、有组织的、能供不同用户共享的、能够长期存储且具有尽可能小的冗余度、与应用程序之间彼此相互独立的数据集合。数据库具有集成性、海量性、共享性和持久性等特点，用户能够对数据库中的数据进行新增、查询、更新、删除等操作。

4. 数据库管理员

数据库管理员(Database Administrator，DBA)是对从事管理和维护数据库管理系统(DBMS)的相关工作人员的统称。DBA主要负责业务数据库从设计、测试到部署交付的全生命周期管理，管理的核心目标是保证数据库管理系统的稳定性、安全性、完整性和高性能。数据库管理员也称作数据库工程师(Database Engineer)，主要职责是保证数据库在7天×24小时内稳定高效地运转。数据库工程师与数据库开发工程师(Database Developer)不同，前者主要负责数据库管理系统的运维管理，后者则从事设计和开发数据库管理系统和数据库应用软件系统的工作，侧重于软件研发。

5. 数据库管理系统

数据库管理系统(Database Management System，DBMS)是一种操纵和管理数据库的大型软件，用于建立、运用、管理和维护数据库。它对数据库进行统一的管理和控制，以保证数据库的安全性和完整性，能够提供数据录入、修改、查询，具有数据定义、数据操作、数据存储与管理、数据维护、通信等功能，且能够允许多用户使用。主要特性是：控制并减少数据冗余度；保证数据的独立性和一致性；提高系统的安全保密性，并实现数据的共享。

1.1.3 数据库技术的发展阶段

计算机及网络技术的不断进步，使得以数据为核心的新兴技术正经历着不断的更新和变革，这也让数据库技术得以快速发展和广泛应用。通常将数据库技术划分为人工管理、文件管理、数据库管理和高级数据库管理四个阶段。

1. 人工管理阶段

计算机诞生之初,在数据管理方面以手工方式为主,用纸卡及报表等进行数据的记录、存放、查询和更新。当时没有磁盘或其他直接存取的外存设备,更没有操作系统和数据库,因此工作效率低下。人工管理数据阶段的特点如下：计算机不存储数据;数据面向应用;数据不独立;无数据文件处理软件。

2. 文件管理阶段

随着计算机的发展,电子管逐渐被晶体管所取代,存储介质也发生了改变,数据得以以普通文件或二进制文件的形式保存,操作系统、汇编语言和一些高级语言也逐渐出现。计算机不仅用于科学计算,还大量应用于管理,其中文件管理系统是操作系统中专门的数据管理软件,这是数据库系统的雏形,但并不是真正的数据库系统。文件系统管理数据的特点如下：数据可以长期保存;具有简单的数据管理功能,但数据的独立性、共享性差,冗余大,数据不一致,数据联系弱。

3. 数据库管理阶段

伴随着计算机软硬件技术的革新,大规模集成电路在 CPU 上得以实现,使得数据库在存储和处理海量数据方面的技术得到了极大的提升。各种数据库管理系统的大量涌现让数据库管理技术得到了不断的更新和完善,对计算机领域产生了巨大的影响并形成了"数据库时代"。数据库管理阶段的特点如下：数据的集成性、独立性高,数据的冗余度低,共享性强,可以对数据进行统一的管理和控制。

4. 高级数据库管理阶段

数据库技术在商业领域中取得的巨大成功,让其他领域对数据库技术的需求与日俱增。以数据为核心的新兴应用领域极大地推动了数据库技术的发展,并使其不断与其他高新科技相结合,向更高级别的数据库技术发展和更新迭代,继而出现了分布式数据库技术、面向对象数据库技术、面向应用领域数据库技术等。根据数据库的应用及相关分析机构评估,数据库技术将面向应用、业务服务等方面,并不断为新型应用提供更多的技术服务和支持。

1.1.4 数据库技术的构成

数据库系统主要由硬件部分和软件部分组成。硬件部分主要是存放数据库中的数据,包括计算机及相应的存储设备;软件部分则包含数据库管理系统及其运行的操作系统,以及支持多种语言进行软件程序开发的访问技术等。

1. 数据库系统

数据库系统(Database System,DBS)主要由数据库、数据库管理系统(DBMS)、数据库应用程序(Database Application)三部分组成。数据库是存放数据的容器,一个数据库系统可以包含多个数据库,一个数据库可以包含多个数据文件。DBMS 介于用户和操作系统之间,负责数据库的创建、维护,并对数据库进行统一管理,保证数据库的安全性、完整性和可靠性。在大多数情况下,DBMS 无法满足对数据管理的要求,这时就需要借助数据库应用程序对数据库进行操作。数据库应用程序能够直接与 DBMS 进行通信、访问和管理 DBMS 中的数据,允许用户插入、修改、删除数据库中的数据,如图 1-1 所示。

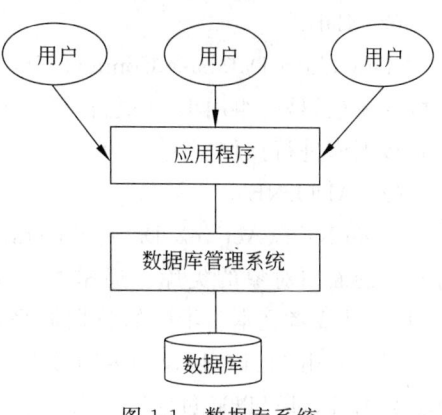

图 1-1　数据库系统

2. SQL

SQL 全称是 Structured Query Language(结构化查询语言),是对数据库进行查询和修改的语言。不同数据库厂商提供不同版本的 SQL,但都包含原始的 SQL 标准。SQL 主要包含以下四个部分。

(1) 数据定义语言(Data Definition Language,DDL):主要作用是在数据库中创建(create)、修改(alter)、删除(drop)表。

(2) 数据操作语言(Data Manipulation Language,DML):主要作用是对表中的数据进行插入(insert)、更新(update)和删除(delete)。

(3) 数据查询语言(Data Query Language,DQL):主要作用是对数据库进行查询(select),并对查询结构按照指定要求操作(where、order by、group by 和 having)。

(4) 数据控制语言(Data Control Language,DCL):主要作用是授权(grant)单个用户或用户组对数据库对象进行访问或回收(revoke)权限。

上面简单列举了操作数据库及表数据的相关命令,目的是让读者提前了解 SQL 查询语言,接下来将会在 MySQL 的学习过程中详细介绍这些知识及其使用方法。

3. 数据库访问接口

(1) ODBC

ODBC(Open Database Connectivity,开放数据库连接)是微软公司提出的基于 SQL 的一种用于访问数据库的应用程序通用编程接口标准。它介于 SQL 和应用程序界面之间,解决了数据库发生改变时应用程序随之改变的问题。利用 ODBC 接口生成的应用程序能够保证与数据库或数据库引擎无关,从而达到为使用数据库的用户和从事软件开发的人员屏蔽复杂异构环境的目的。

ODBC 实际上是一个数据库访问函数库。基于 ODBC 的应用程序对数据库的操作不依赖于 DBMS,而是靠对应 DBMS 的 ODBC 驱动程序完成对数据库的所有操作。由于它提供了数据库统一的访问接口,无论是 MySQL、Access 还是 Oracle 数据库,均可通过 ODBC API(Application Programming Interface)实现数据库的访问,并实现了应用程序的平台无关性和可移植性。

（2）JDBC

JDBC（Java Database Connectivity，Java 数据库连接）是 Java 应用程序与数据库之间连接的桥梁，是一组用 Java 语言编写的类和接口，通过 JDBC API 可以实现对多种主流关系数据库进行操作。

（3）ADO.NET

ADO.NET（ActiveX Data Objects）是微软公司开发设计的一组用于与不同数据源进行交互的面向对象的类库。通常情况下，数据源可能是数据库，也可能是 Excel 表格、XML 文件或者文本。不同的数据源采用的协议不同，对于不同的数据源必须采用相应的协议。使用 ODBC 协议的老旧数据源和使用 OLE DB 的新数据源以及不断出现的其他新数据源，都可以通过 ADO.NET 类库进行连接。

（4）PDO

PDO（PHP Data Object）是为 PHP 访问不同数据库而定义的一个轻量级、一致性的接口，它提供了一个数据抽象层，使得无论使用何种数据库，都可以通过一致的函数对数据库进行操作，这也是 PHP 5 中新增加的一项重要功能。

1.1.5 常见数据库简介

1. Oracle 数据库

Oracle Database 又称 Oracle RDBMS，简称 Oracle，它是美国 Oracle（甲骨文公司）的一款关系数据库管理系统。Oracle 数据库应用于大、中、小型机上，已成为世界上使用最广泛的关系数据库系统之一。其主要的特点是可移植性强，兼容性高，数据安全性高，支持各种协议，能够提供多种开发工具，极大地方便了用户进一步的开发。

2. MS SQL Server 数据库

MS SQL Server 数据库是由美国微软公司开发的一款关系数据库管理系统，常用于在 Web 上存储数据，广泛应用于银行、保险、电子商务等与数据库相关的行业。该数据库因友好的操作界面和易操作性等而深受用户喜爱。其特点有：具有直观的图形化界面，操作方便；拥有丰富的编程接口工具，方便用户进行程序设计；有很好的伸缩性，便于跨界运行，从微型计算机到大型处理器均可运行；能够支持 Web 技术，使得用户能够将数据库中的数据发布到 Web 上；符合真正的客户（Client）/服务器（Server）体系结构。

3. MySQL 数据库

MySQL 数据库是由瑞典 MySQL AB 开发的一款关系型数据库管理系统。其特点是：运行速度快、体积小；总体拥有成本低；特别是 MySQL 对用户开放源码这一特点，使得多数中小型网站的开发都选择它作为网站建设的数据库，搭配 PHP 和 Apache 可组成良好的建站开发环境。

4. DB2 数据库

DB2 数据库是由 IBM 公司开发的一款关系数据库管理系统。该数据库主要运行在大型应用系统上，具有较好的伸缩性，提供了高层次的数据完整性、安全性、恢复性和利用性，具有平台无关性的基本功能和 SQL 命令。应用程序能够通过微软公司开发的开放数据库连接（ODBC）接口、Java 数据库连接（JDBC）接口等对 DB2 数据库进行访问和操作。

1.2 数据库关系模型的设计

1.2.1 数据模型概述

1. 数据模型的基础知识

在客观现实世界中的任何事物及活动都具有一定的特征信息，将事物的特征和联系通过符号记录下来，并用规范化的语言描述现实世界中的事物，就构成了基于现实世界的信息世界。将具体事物及其之间的联系转换成计算机能够识别并处理的数据，需要用相关数据模型对信息进行建模（抽象、描述和表示）。数据由现实世界进入数据库中存储，通常需要经历现实世界、信息世界和计算机世界三个阶段，其主要转换过程如图 1-2 所示。

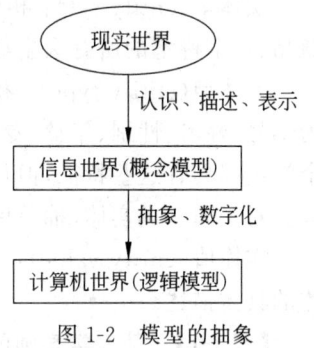

图 1-2 模型的抽象

（1）现实世界。现实世界是客观存在的事物及其之间的联系。

（2）信息世界。信息世界是对客观世界存在的事物及其之间的联系进行描述、抽象和表示，根据用户的角度对数据按一定规则进行建模（概念模型—实体与联系）。

（3）计算机世界。计算机世界是建立在计算机上的模型，通过将信息世界中的具体事物及活动信息转换成计算机能够识别的数据，并按一定数据结构对数据进行存储。

数据是对客观事物的符号表示，模型是对现实世界的抽象，数据模型是客观世界数据特征的抽象。数据模型的三要素是数据结构、数据操作和完整性约束（数据的约束条件）。

2. 数据模型的分类

数据模型是对现实世界的抽象表示，通常需要符合三个条件：较好地模拟客观现实世界、容易理解和分析、在计算机中便于实现。

根据数据模型的具体应用，可将模型分为两类。

（1）概念模型。概念模型又称为信息模型，介于现实世界与计算机世界之间，简单、清晰、易于用户理解的概念是建立概念模型的重要基础。概念模型是对现实世界的第一层抽象,常作为数据库设计人员与用户进行交流和沟通的工具,是一种独立于计算机系统的数据模型。常用"实体联系图(E-R 图)"来完成概念模型的设计。

(2)逻辑模型。它包括关系模型、网状模型、层次模型、面向对象模型,是从计算机系统的角度对数据进行建模,根据数据库的逻辑结构对现实世界的第二层抽象。这类模型的设计直接与 DBMS 相关,称作"逻辑数据模型",简称"逻辑模型",又称"结构模型"。

1.2.2 概念模型

1. 概念模型的概念

从客观现实世界到信息世界的抽象过程中,有时只需要考虑数据本身的结构特征和相互之间的联系,暂不考虑计算机中数据的具体实现方式,通常采用概念模型进行分析。

(1)实体

实体(entity):在现实世界中可以相互区分的类别或事物,如一位学生、一个文件等。

实体集(entity set):相同类别实体的集合,如一个班级的所有学生、一个商场的所有商品、一个科室的所有医生等都是相对应的实体集。

实体型(entity type):相同类别实体共有特征的抽象表示。如学生类别的共有特征为学号、姓名、性别、年龄、专业、班级等。这些特征共同定义了学生这一类别的实体型,每个学生都具有这些特征,但每个学生具体的特征值既可以不同也可以相同,如性别、姓名等。对于同一类实体,抽象后的实体型特征可以不同,从而定义出不同的实体型。

实体值(entity value):对实体型进行实例化(赋值),符合实体型的定义要求,是对实体的具体描述。

【例 1-1】 某大学教师的实体型可用姓名、性别、年龄、籍贯、民族、学历、职称等特征来描述,则李明、男、35、四川德阳、汉族、硕士、讲师就是一个实例化后的实体值,表示具体的一位教师个人的基本信息。在表 1-1 中,首行规定了教师的实体型,其后各行则表示实例化后的具体值。

表 1-1 教师基本信息表

姓 名	性别	年龄	籍 贯	民族	学历	职称
李明	男	35	四川德阳	汉族	硕士	讲师
赵亮	男	42	贵州贵阳	汉族	博士	教授
娜罕姆香	女	30	云南昆明	傣族	本科	助教
张伟	男	37	山东菏泽	汉族	硕士	副教授
丹妮雅	女	40	宁夏银川	回族	博士	教授
王杰	男	27	河南商丘	汉族	本科	助教
……	……	……	……	……	……	……

(2) 联系

联系(relationship):实体之间存在的相互关系,通常表示为一种活动。例如,学生的一次选课、一场比赛、一张购物清单等都是联系。

联系集(relationship set):相同类别联系的集合。如商场购物的所有清单、一次比赛活动中的全部比赛场次,一个班级同学的所有选课等。

联系型(relationship type):对相同类别联系共有特征的抽象表示。

【例1-2】 在学生选课关系中,选课编号、学号、课程编号、上课时间、上课地点、考试成绩等特征构成了联系型。其中,学号对应学生实体中的具体某位学生,课程编号对应课程实体中的具体某门课程。在表1-2中,首行对应联系型的所有特征,其后各行是对联系的实例化。

表1-2 学生选课表

选课序号	学 号	课程编号	上课时间	上课地点	考试成绩
1	19080702	GG0047	周三 1~2节	翰院316	
2	19030522	GG1209	周一 5~6节	贡院424	
3	19060310	GG1546	周五 3~4节	贡院217	
4	19040806	GG5176	周二 7~8节	艺步楼516	
5	19060232	GG1096	周四 1~2节	闻院221	
6	19050109	GG2873	周一 9~10节	翰院215	
...	......	......	......	......	......

(3) 属性、主键和域

属性(attribute):描述实体或者联系中的某一特征。一个实体或联系通常具有多个特征,需要通过多个对应的属性进行描述和表示。实体的具体属性可根据实际需求决定,而非固定不变。

主键(primary key):又称关键字、码或者关键码,是区别实体集中不同实体的唯一标识,如身份证号、员工编号、学生学号、电话号码等。一个实体可以有多个键。键在实体中可能是一个或多个属性,而在联系中通常为多个属性。例如,学生实体中以学号作为键,课程实体中以课程编号作为键,相对应的都是实体中的单一属性;在联系选课表中,以"学号""课程编号"作为键才能标识一个联系值。作为键的属性称为主属性(main attribute),否则称为非主属性(non-main attribute)。

域(domain):实体对应属性的取值范围,如"男、女"即是性别的域。

2. 联系分类

联系分类(relationship classify):表示两个实体型之间联系的类型。根据一个实体型中的实体与另一个实体型中的实体所对应的关系,可分为一对一关系、一对多关系、多对多关系三种类型。

(1) 一对一关系

如果一个实体型中的一个实体至多与另外一个实体型中的实体产生联系,同样另一个实体型中的一个实体至多与该实体型中的一个实体产生联系,则这两个实体型之间是一对一的关系,记为1∶1。例如,每个班只有一位班长,每位班长只服务一个班级。

【例1-3】 在1∶1的联系中,两个实体可以属于同一实体型,也可以属于不同实体型。在公民实体型中的一位公民只拥有一个身份证信息,相应的一个身份证信息唯一对应一位公民,如图1-3所示。

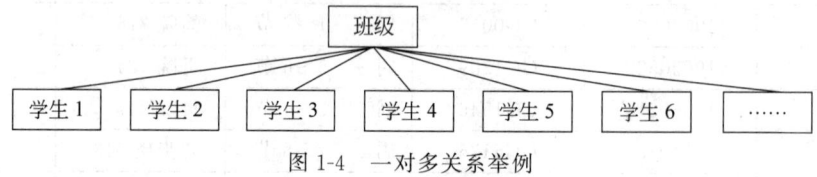

图1-3 一对一关系举例

(2) 一对多关系

如果一个实体型中的一个实体与另外一个实体型中的任意多个实体(包含0个)产生联系,同样另一个实体型中的一个实体至多与该实体型中的一个实体产生联系,则这两个实体型之间是一对多的关系,记为1∶n,与之相对应的是多对一关系。

【例1-4】 在一个班级中,班级实体与学生实体之间的关系是1∶n关系。一个班包含多位学生,一个学生只属于一个班,如图1-4所示。

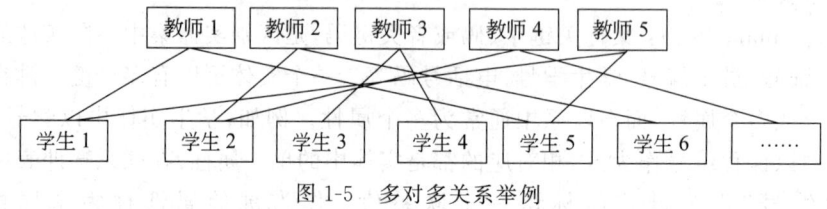

图1-4 一对多关系举例

(3) 多对多关系

如果一个实体型中的一个实体与另外一个实体型中的任意多个实体(包含0个)产生联系,同样另一个实体型中的一个实体与该实体型中的任意多个实体(包含0个)产生联系,则这两个实体型之间是多对多的关系,记为m∶n。

【例1-5】 在课程授课中,教师实体与学生实体的关系是m∶n关系,一位教师可以教授多位学生,一位学生可以上多位老师的课程,如图1-5所示。

图1-5 多对多关系举例

1.2.3 E-R图的设计

1. E-R模型的基本概念

实体联系模型(entity relationship model)也称E-R模型或实体—联系方法,用于描述实体及相互之间关系的概念模型。其简单易懂的表示方式和贴近生活化的描述特点,使之成为数据库设计人员与普通用户沟通交流和进行数据建模的常用工具。根据E-R模型生成的关系图称为E-R图。

(1) E-R 图组成部件

E-R 图是一种用图形表示实体型及相互之间关系的方法,所使用的基本图形部件是矩形、椭圆形、菱形和线条。其中,实体用矩形表示并标注实体类别名称,实体的特征(或属性)用椭圆形表示并标注属性名称,菱形表示实体之间的关系并标注联系名称,矩形、菱形、椭圆形之间均用线条连接。如表 1-3 所示。

表 1-3 E-R 图组成部件表

图形	说明
□	实体,一般是名词
○	属性,一般是名词
◇	关系,一般是动词
—	线条,一般用于连接实体、属性和关系

(2) 各种关系的 E-R 图表示

实体之间的三种关系分别是一对一、一对多、多对多,利用 E-R 图的基本部件表示对应的关系,如图 1-6 所示。

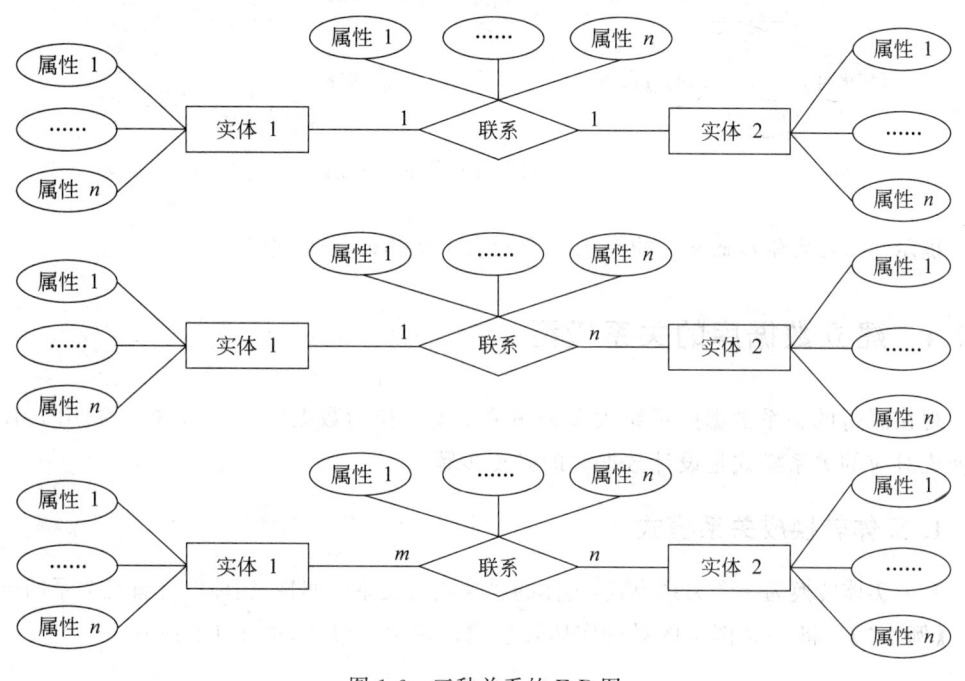

图 1-6 三种关系的 E-R 图

2. 基于 E-R 图的概念模型举例

使用 E-R 图建立实体相互间的关系时,首先要将需要建模的系统中涉及的数据划分成若干个相互独立的实体,根据实体间实际存在的关系建立这些实体间的联系,并标注实体和联系各自具有的属性,最后形成统一的 E-R 图。

【例 1-6】 下面以某医院病房计算机管理中心案例举例,说明建立 E-R 图的过程。

假定把病人到医院看病并入住病房看作一次问诊活动:病人(病历号、姓名、性别、主管医生、病房号等)根据科室(科室名、科室地址、科室电话)去找相对应的医生(工作号、姓名、年龄、职称、所属科室)进行问诊,问诊结束后病人会被安排到对应的病房(病房号、床位数、所属科室)中。病房计算机管理中心对应的 E-R 图如图 1-7 所示。

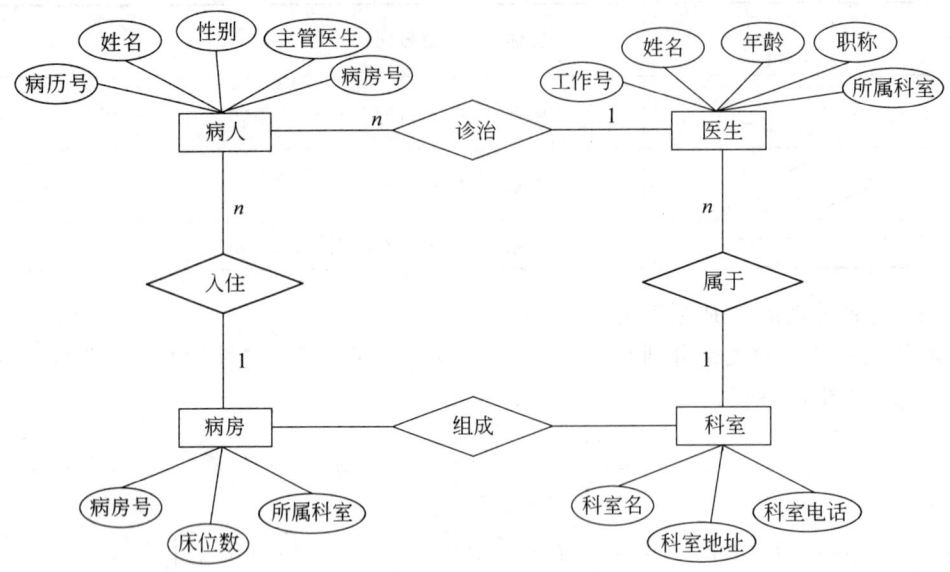

图 1-7 医院就诊过程的 E-R 图

提示:此处实体后面括号中的内容分别表示实体的属性,余同。

1.2.4 建立数据库的关系模型

现在流行的关系数据库系统大多采用关系模型作为数据库的组织方式,利用 E-R 图转换成对应的关系模式是设计数据库的必要步骤。

1. 实体转换成关系模式

一个实体转换为一个关系模式,实体的属性就是关系的属性,实体的键就是关系的键。

【例 1-7】 将 E-R 图中的教师实体转换成教师关系模式,如图 1-8 所示。

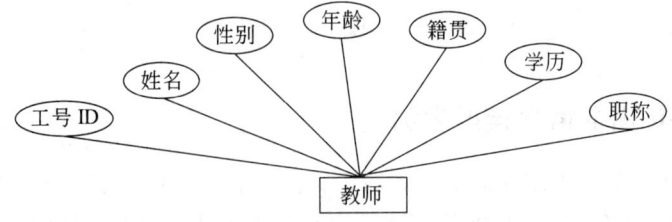

图 1-8 E-R 图中的教师实体

关系模式的转换结果如下：

教师(工号 ID、姓名、性别、年龄、籍贯、学历、职称)

2. 联系转换成关系模式

(1) 一对一关系模式的转换。可以转换成一个独立的关系；或者将一对一的关系与任意端实体所对应的关系模式合并，加入另一端实体的键和联系的属性。

【例 1-8】 在 E-R 图中，班长与班级之间的服务关系是 1∶1 的联系，如图 1-9 所示，现将其转换成关系模式。

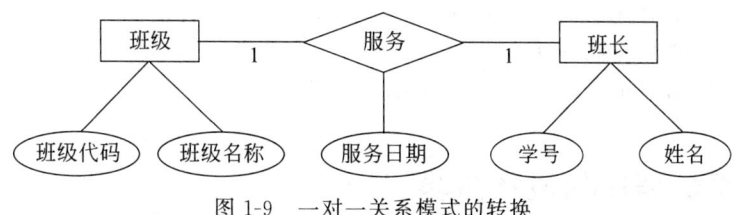

图 1-9 一对一关系模式的转换

关系模式的转换结果如下：

班级(班级代码,班级名称)
班长(学号,姓名,班级代码,服务日期)

(2) 一对多关系模式的转换是将联系与 n 端实体所对应的关系模式进行合并，并加入 1 端实体的键和联系的属性。

【例 1-9】 在 E-R 图中的主治医生与病人是一对多的关系，如图 1-10 所示，现将其转换为关系模式。

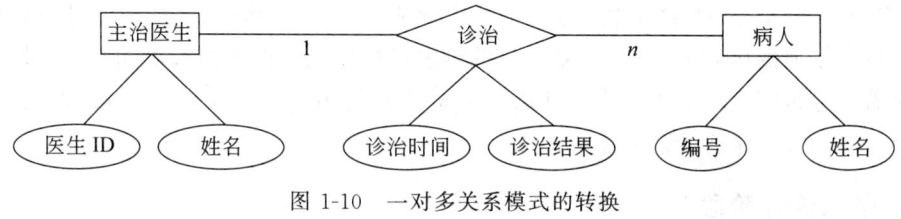

图 1-10 一对多关系模式的转换

关系模式的转换结果如下：

主治医生(医生 ID,姓名)
病人(编号,姓名,医生 ID,诊治时间,诊治结果)

(3) 多对多关系模式的转换是将关系转换成一个独立的关系模式，该关系连接的各个实体的键和联系本身的属性转换成关系的属性。

【例 1-10】 在 E-R 图中的学生与课程的选课关系是多对多的关系，如图 1-11 所示，现将其转换为关系模式。

关系模式的转换结果如下：

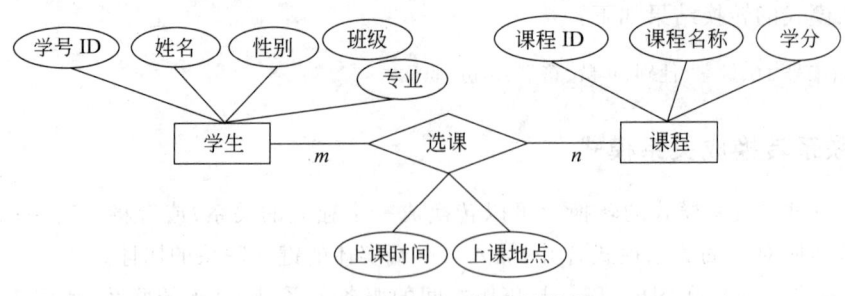

图 1-11 多对多关系模式的转换

学生(学号 ID,姓名,性别,班级,专业)
课程(课程 ID,课程名称,学分)
选课表(学生 ID,课程 ID,上课时间,上课地点)

1.2.5 关系数据库的设计步骤

数据库的设计是基于一个既定的应用环境,构建最优的数据库模式,建立数据库和相关的应用系统以存储数据,满足用户的信息要求和处理要求。规范化设计数据库是必要的,其基本的思想是过程迭代和逐步求精,常用的数据库设计工具软件有 Power Designer 和 Rational Rose。一般将数据库设计分为 6 个步骤。

1. 需求分析阶段

数据库设计首要目标是充分了解用户的应用需求,分析用户对数据的要求和处理要求,在与用户进行沟通交流时,应尽可能多地收集资料、分析整理资料,画出数据流图(Data Flow Diagram,DFD),建立合适的数据字典(Data Dictionary,DD)。另外,将数据流图和数据字典的内容返回用户,对用户的需求进行确认并做适当添加和修改,最终形成数据库需求分析的完整文档。准确地需求分析文档是用户实际需求的反映,直接影响后续各个阶段的设计是否合理和正确。

2. 概念设计阶段

根据需求分析阶段产生的需求分析文档,设计独立于计算机实现的概念模型,并生成准确的 E-R 图表示概念模型。

3. 逻辑设计阶段

将概念设计阶段生成的 E-R 图转换为对应的数据库关系数据模式,并对关系模型进行优化。根据用户处理的要求,在基本表的基础上建立必要的视图。

4. 物理设计阶段

根据 DBMS 的特点和处理的不同需要,将逻辑设计阶段的关系模型进行物理存储安排,设计合适的索引等。

5. 数据库实现阶段

根据逻辑设计阶段和物理设计阶段得到的结果,利用 DBMS 提供的工具,在计算机上建立数据库系统,并编写合适的数据库应用程序,组织数据的存储,然后开始试运行数据库。

6. 数据运行和后期维护

经过试运行的数据库系统就可以开始正式运行了。根据后期运行的不同情况,可对其进行有效的评价和修改。数据库的维护主要由数据库管理员 DBA 完成,其工作是数据库中数据的转储和恢复、保证数据库中数据的安全性、监视并优化数据库以保证数据库正常高效地运行。

1.3 小 结

本章介绍了与数据库相关的数据、信息、数据库、数据库管理员、数据库管理系统等基本概念,并论述了数据库技术发展的四个阶段及各个阶段的特点,同时简要介绍了操作数据库及数据表的 SQL 语言命令和不同的数据库访问接口,应用程序通过这些数据库访问接口直接与数据库进行信息交互。详细介绍了概念模型及 E-R 图的相关内容、实体间的关系、数据库设计的 6 个阶段。本章的学习可为后面数据库的学习打下基础。

1.4 习 题

1. 什么是数据、信息?两者有何关系?
2. 名词解释:DB、DBA、DBS、DBMS。
3. 数据库技术的发展经历了哪几个阶段?每个阶段的特点是什么?
4. SQL 语言是什么?有哪些命令?数据库访问接口有哪些类型?其作用是什么?
5. 数据模型有哪几种?概念模型是什么?实体间的联系分为哪几种?
6. 关系数据库的设计主要经过哪几个阶段?
7. 请结合现实生活中的案例,设计一个数据库的关系模型。

第 2 章 安装及使用 MySQL

在 Windows 操作系统下，MySQL 数据库的安装包分为图形化界面安装包和免安装的安装包两种。这两种安装包的安装方式不同，配置方式也不同。图形化界面安装包有完整的安装向导，安装和配置很方便。免安装的安装包直接解压即可使用，但是配置起来十分烦琐。

通过本章的学习，读者可以了解 Windows 操作系统下安装 MySQL 数据库的方法以及如何配置 MySQL 数据库。同时，读者还可以了解 MySQL 图形管理工具的知识和安装方法及免安装的 MySQL 的配置与使用。

2.1 安装与配置 MySQL

在 Windows 操作系统下，MySQL 图形化界面安装包有很完善的安装向导，根据安装向导的说明安装即可。本节将为读者介绍通过安装向导安装和配置 MySQL 的方法。

读者可以登录 MySQL 官网(https://www.mysql.com/cn/)进行数据库的下载。页面最下端可以选择网页显示语言，将网页语言切换成中文便于各位读者浏览。MySQL 官网首页如图 2-1 所示。

进入下载页面后选择 MySQL Community Server，再选择对应下载安装包后即可下载，如图 2-2 所示。

本书选用的是 MySQL 8.0.18 版本，此处有三个可以下载的项目，分别是：
- Windows(x86,32&64bit)，MySQL Installer MSI。
- Windows(x86,64bit)，ZIP Archive。
- Windows(x86,64bit)，ZIP Archive Debug Binaries & Test Suite。

第一个是图形化界面安装包，选择 Go to Download Page，即可进入下载页面；后两个是免安装版本下载。

每个下载页面均有两个可供选择的下载安装包，图形化界面中两个下载安装包分别是在线安装以及本地安装两种模式，如图 2-3 所示。在线安装需要联网，占内存空间较小；本地安装占内存空间较大，没有网络的情况下也可以进行安装。

第 2 章　安装及使用 MySQL

图 2-1　MySQL 官网首页

图 2-2　MySQL 下载页面

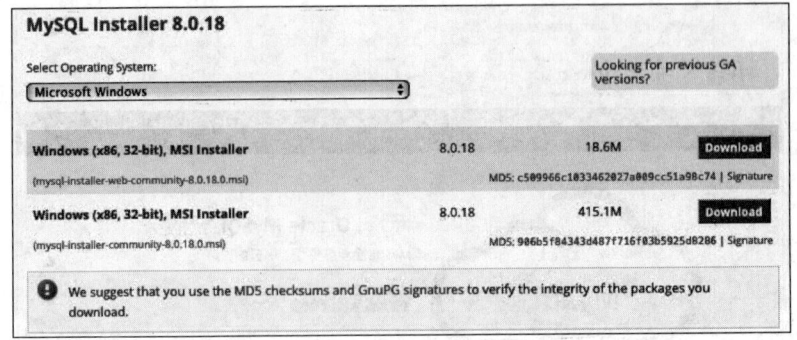

图 2-3　图形化界面安装包选项

免安装版本中两个下载包分别是精简版和完整版。精简版包含了 MySQL 中所有常用功能，占用磁盘空间较小。如果读者安装 MySQL 数据库是为了学习和软件开发，精简版安装包已经足够。

MySQL 下载完成后，在软件下载目录下进行安装。具体的安装过程如下。

(1) 双击下载的 mysql-installer-community-8.0.18.0.msi 安装文件，弹出 MySQL 安装界面，如图 2-4 所示。

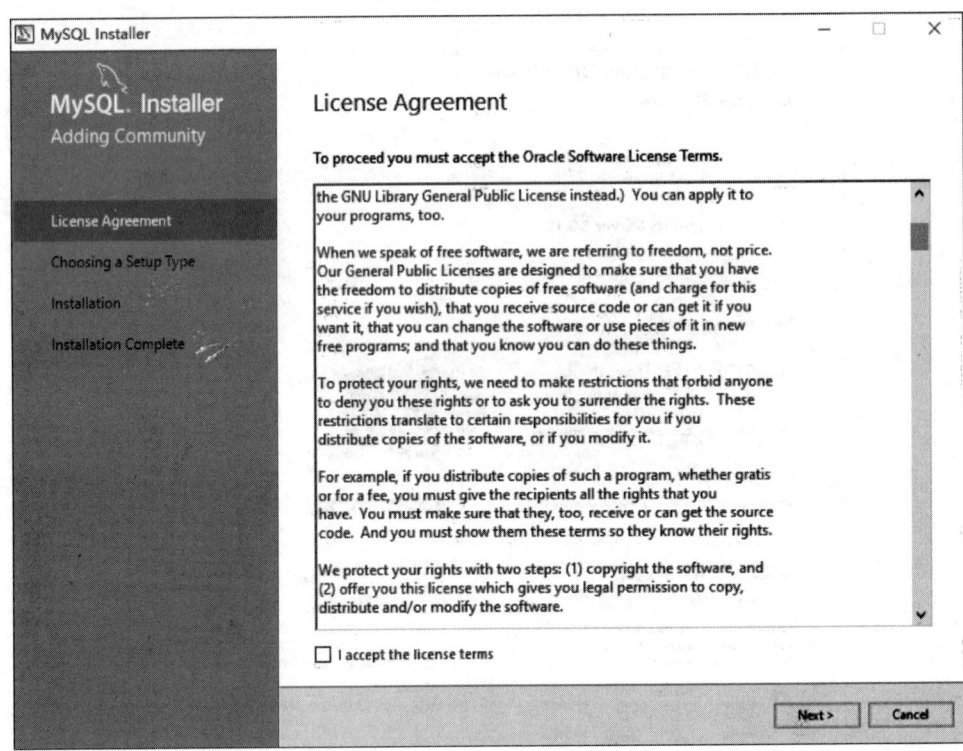

图 2-4　MySQL 安装界面

(2) 选中"I accept the license terms"复选框，单击 Next 按钮，进入选择安装类型的界面，此处选择开发者默认模式进行安装，如图 2-5 所示。

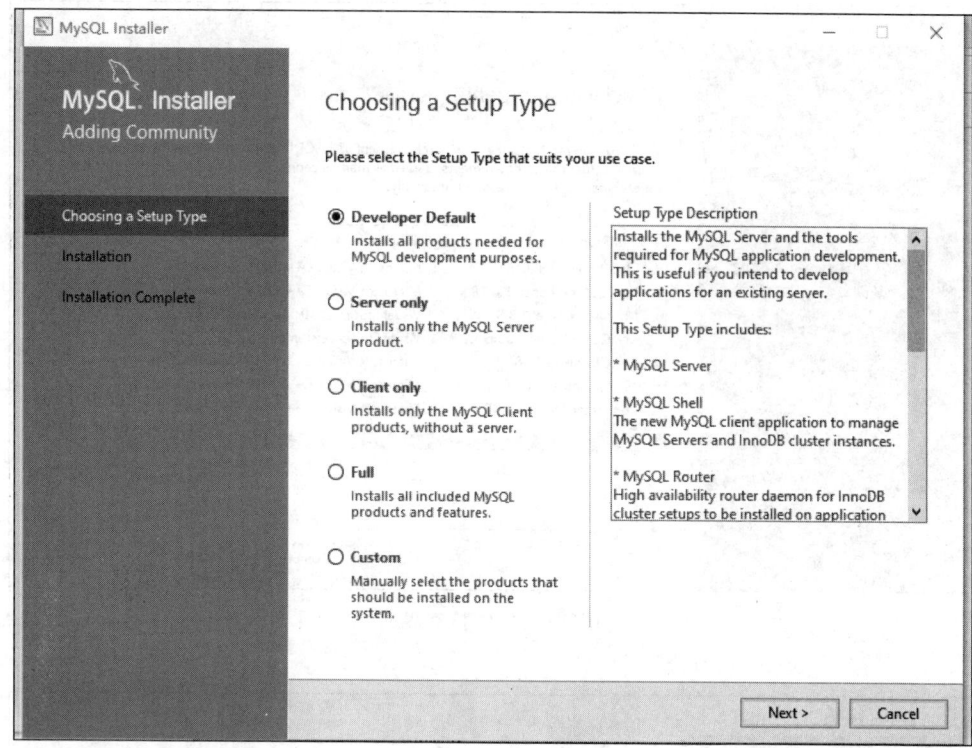

图 2-5 选择安装类型

安装类型有 5 种,分别是 Developer Default(开发者默认模式)、Server only(仅安装 MySQL 服务)、Client only(仅安装客户程序)、Full(安装全部)和 Custom(自定义)。

这 5 种类型的作用说明如下。

Developer Default:这种方式安装全部常用的组件,默认情况下使用这种安装方式。

Server only:这种方式仅安装 MySQL Server 所有组件,占用的磁盘空间不大,用户可以根据需求选择该安装类型。

Client only:这种方式仅安装 MySQL Client 所有组件,占用的磁盘空间不大,用户可以根据需求选择该安装类型。

Full:这种方式安装全部组件,包括一些不常用组件,占用空间较大,一般不推荐这种安装方式。

Custom:用户可以自由选择需要安装的组件、安装路径等。

(3) 选择 Developer Default 选项,然后单击 Next 按钮,进入安装检查界面,如图 2-6 所示。

(4) 单击 Next 按钮,进入准备安装界面,如图 2-7 所示。

(5) 单击 Execute 按钮,进入 MySQL 安装界面。安装过程中,通过进度条显示安装的进度。执行完成后单击 Next 按钮进入下一步。

(6) 安装完成时,图形化安装向导将进入 MySQL 配置欢迎界面。通过配置向导,可以设置 MySQL 数据库的各种参数,如图 2-8 所示。

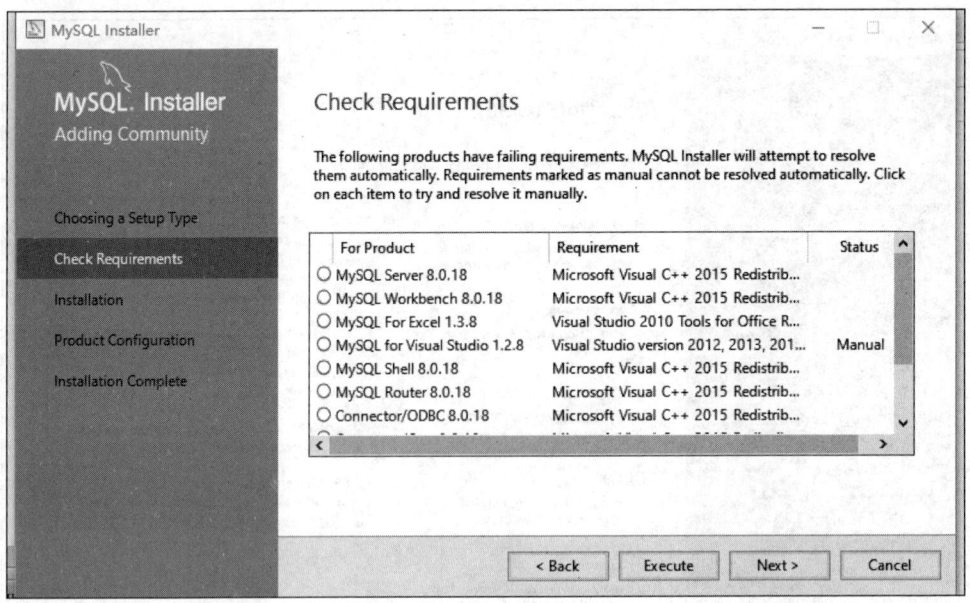

图 2-6　安装检查界面

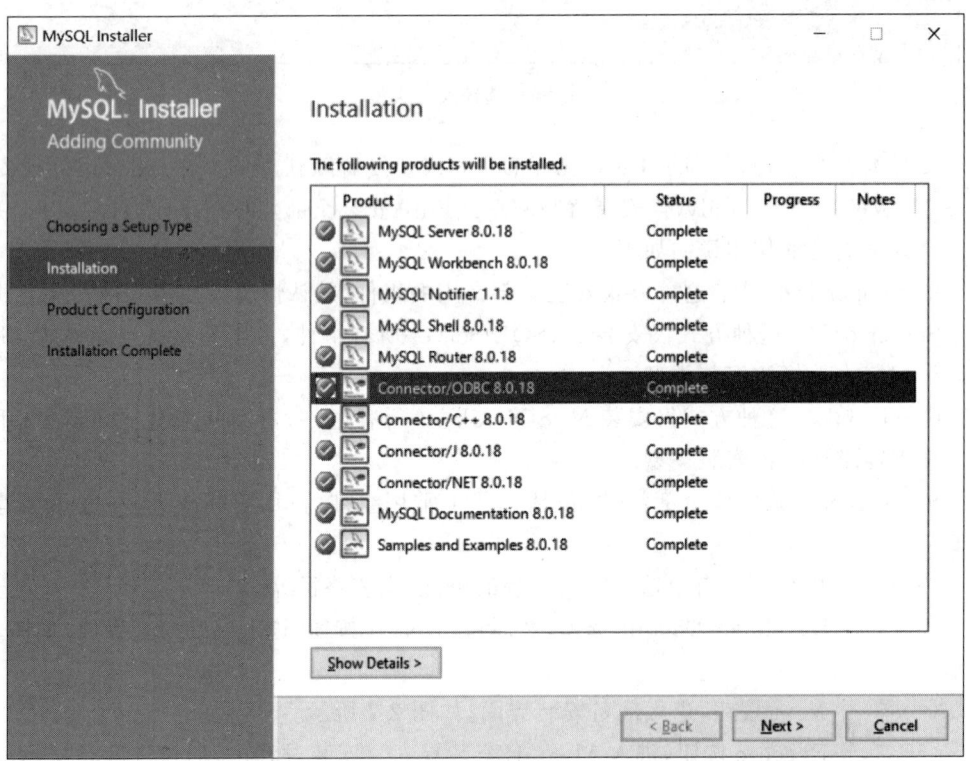

图 2-7　准备安装界面

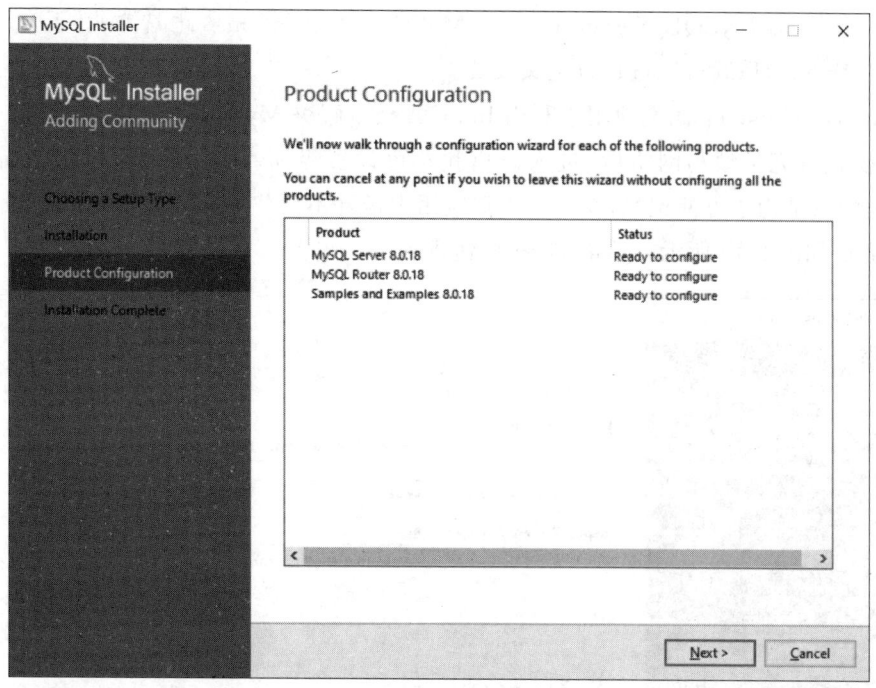

图 2-8　配置界面

（7）单击 Next 按钮，进入设置界面。为了使读者更加全面地了解安装过程，此处进行简单的配置。首先是类型和网络设置界面，选择 Standalone MySQL Server/Classic MySQL Replication，界面如图 2-9 所示。单击 Next 按钮继续安装。

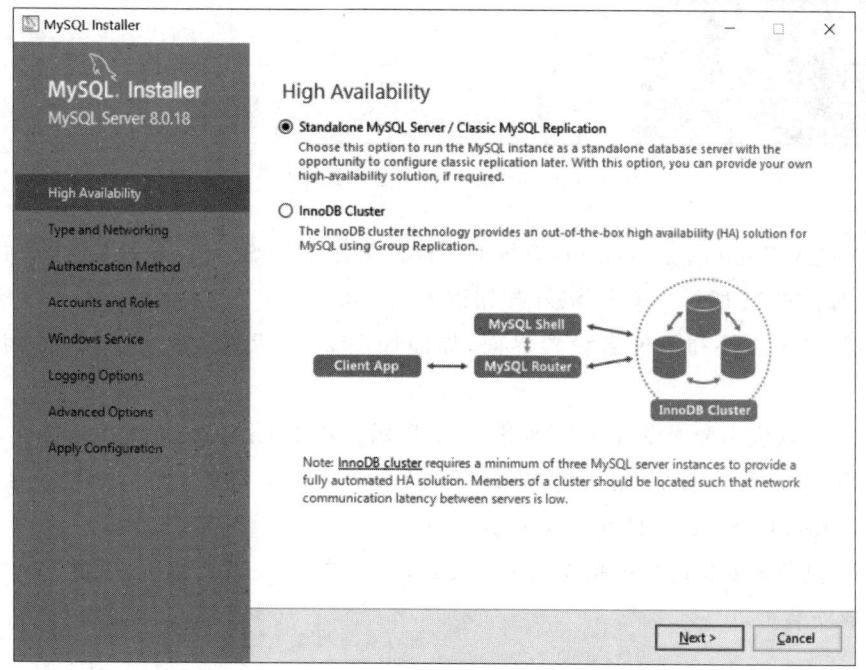

图 2-9　类型和网络设置界面

Standalone MySQL Server/Classic MySQL Replication：此选项用于独立运行 MySQL Server，后续可以进行自定义设置。

InnoDB Cluster：此选项用于利用 InnoDB 技术解决 MySQL 的组复制技术。

(8) 设置完类型和网络后，进入账户和角色设置界面。将 root 用户的密码设置为 root，此处只是为了方便记忆，在实际工程应用中最好不要将密码设置为 root。设置 root 密码，界面如图 2-10 所示。单击 Next 按钮进入下一步。

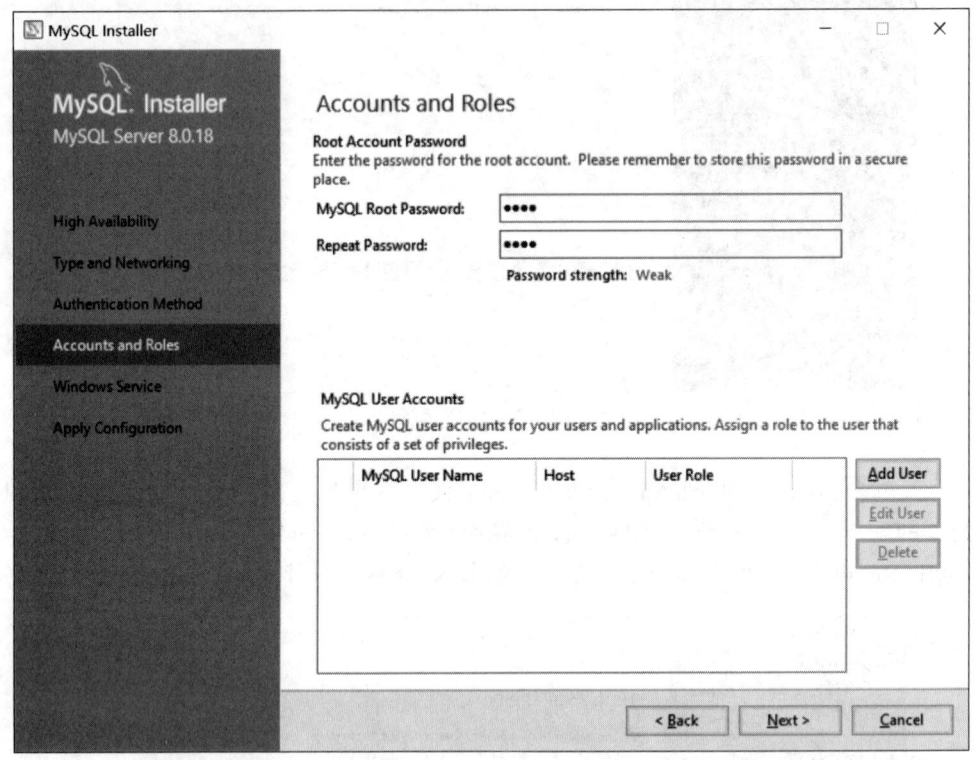

图 2-10　账户和角色设置界面

(9) 进入 Windows Service 设置界面。设置 Windows Service 账户名称，选中相应选项，界面如图 2-11 所示。单击 Next 按钮进入下一步。

(10) 进入插件和扩展名设置界面，界面如图 2-12 所示。单击 Next 按钮进入下一步。

(11) 进入应用配置设置界面，如图 2-13 所示。单击 Execute 按钮执行操作，完成设置。设置完成后返回产品配置界面，可以看到，已经完成设置的状态会显示为 Configuration Complete，如图 2-14 所示。

(12) 其他配置情况可根据需求进行设置，一直单击 Next 按钮后，检查 root 密码，就可以完成安装了。

第 2 章　安装及使用 MySQL

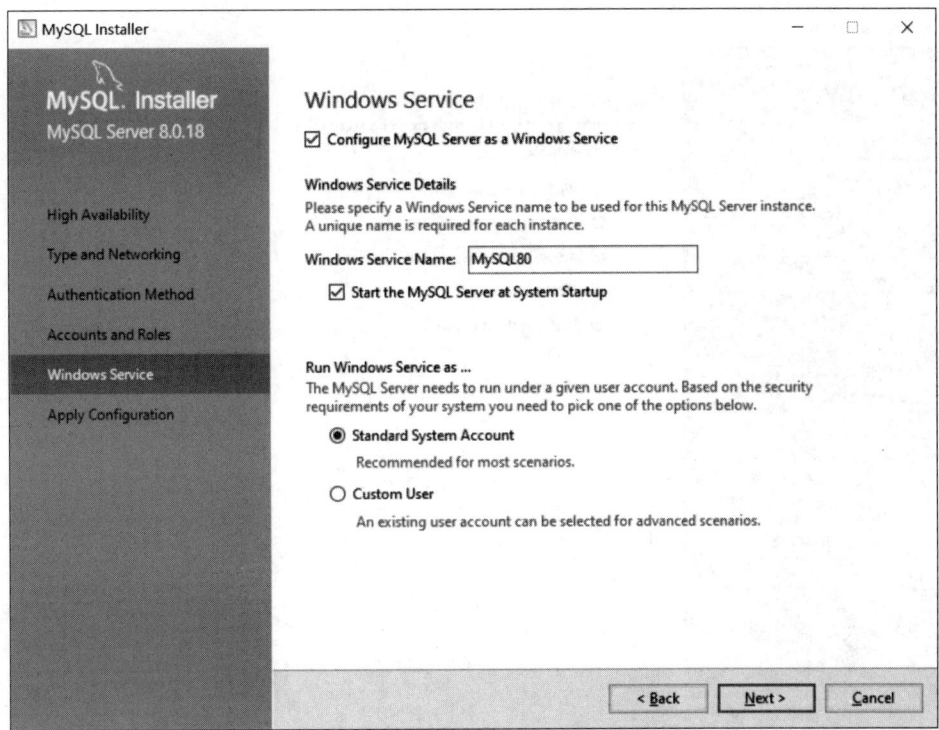

图 2-11　Windows Service 设置界面

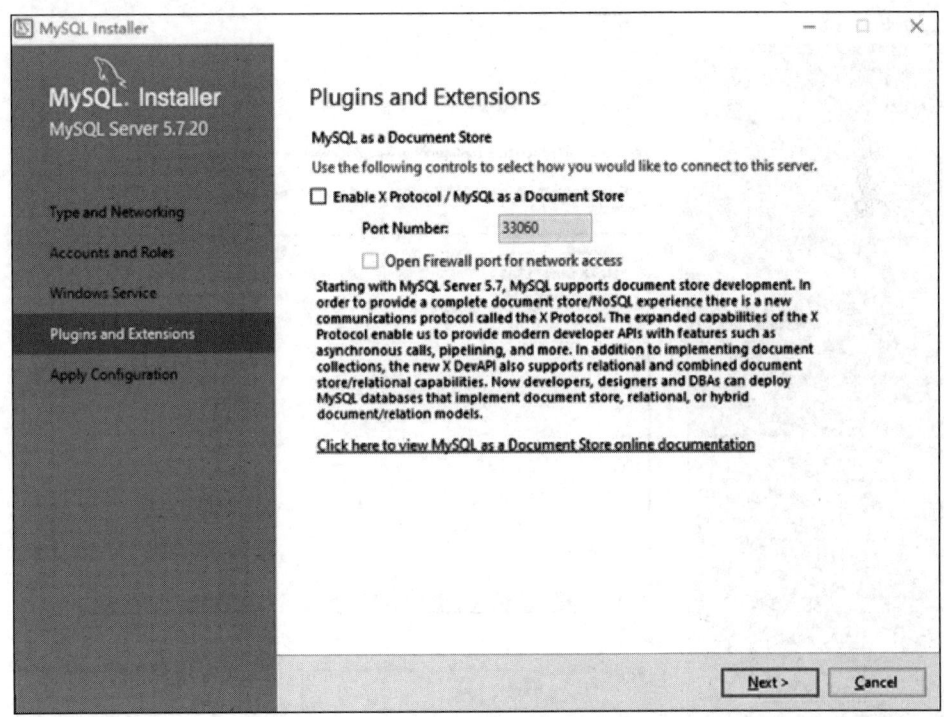

图 2-12　插件和扩展名设置界面

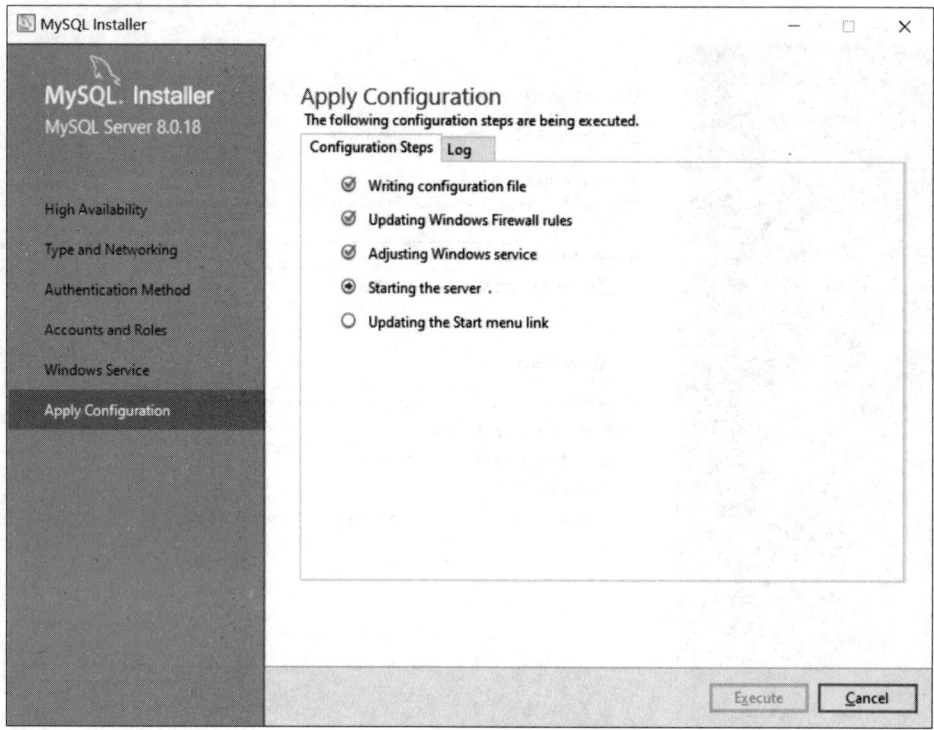

图 2-13　应用配置设置界面

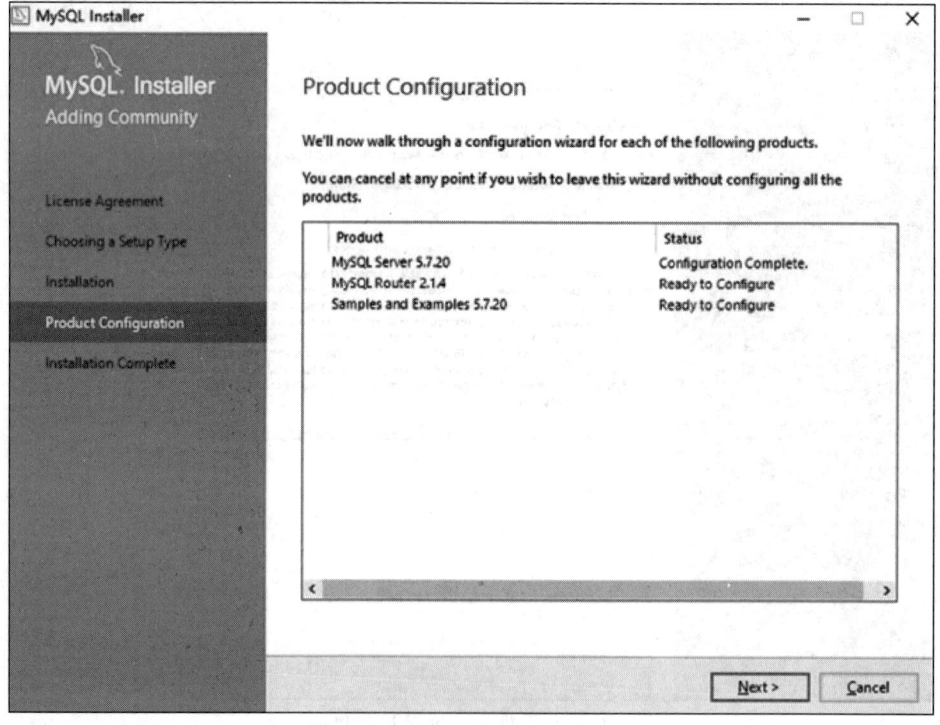

图 2-14　配置完成界面

如果顺利地执行了上述步骤，MySQL 就已经安装成功了，而且 MySQL 的服务已经启动。安装完成后，可以在 DOS 窗口登录数据库。下一节将为读者介绍启动服务和登录 MySQL 数据库的方法。

安装完成后进入 MySQL 的安装目录，再进入 MySQL Server，目录下的文件如图 2-15 所示。

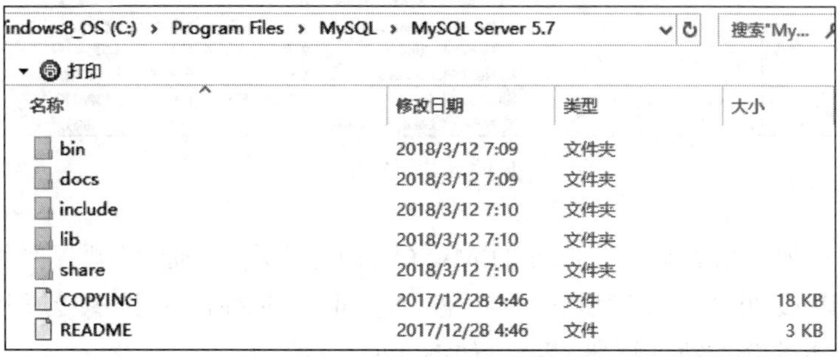

图 2-15　MySQL Server 目录

bin 目录下保存了 MySQL 常用的命令工具以及管理工具；data 目录是 MySQL 默认用来保存数据文件以及日志文件的地方（因刚安装，还没有生成 data 文件夹）；docs 目录保存 MySQL 的帮助文档；include 目录和 lib 目录保存 MySQL 所依赖的头文件以及库文件；share 目录保存目录文件以及日志文件。

2.2　启动服务并登录 MySQL 数据库

MySQL 数据库分为服务器端（Server）和客户端（Client）两部分。只有服务器端的服务开启以后，才可以通过客户端登录到 MySQL 数据库。本节将介绍启动服务和登录 MySQL 数据库的方法。

2.2.1　启动 MySQL 服务

只有启动 MySQL 服务，客户端才可以登录到 MySQL 数据库。在 Windows 操作系统中，可以设置自动启动 MySQL 服务，也可以手动启动 MySQL 服务。本小节将介绍启动 MySQL 服务的方法。

在安装 MySQL 时，已经设置了 MySQL 服务的自动启动。在图 2-11 中可以看到，已经选择了 Start the MySQL Server at System Startup 选项。读者也可以在"控制面板"中自己设置 MySQL 服务的启动。"控制面板"有两种设置模式，分别是"分类视图"和"经典视图"。在"控制面板"的左上角有"分类视图"和"经典视图"之间进行切换的按钮。在"控制面板"→"管理工具"→"服务"选项下可以找到 MySQL 的服务，如图 2-16 所示。

图 2-16 中的第一个服务就是 MySQL 服务。从图中可以看出，服务已经启动。而且

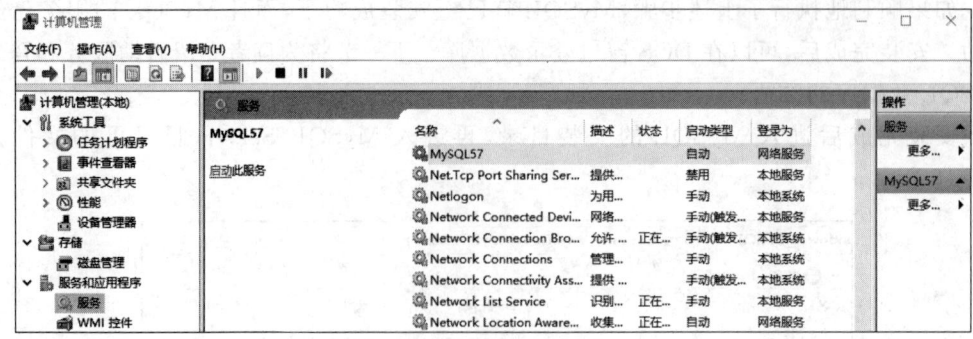

图 2-16　服务列表

服务的启动类型为自动启动。在此处的 MySQL 服务上右击，选择"暂停""停止"和"重新启动"命令可以改变 MySQL 服务的状态。也可以在右击后选择"属性"命令进入"MySQL57 的属性"（本地计算机）界面，如图 2-17 所示。

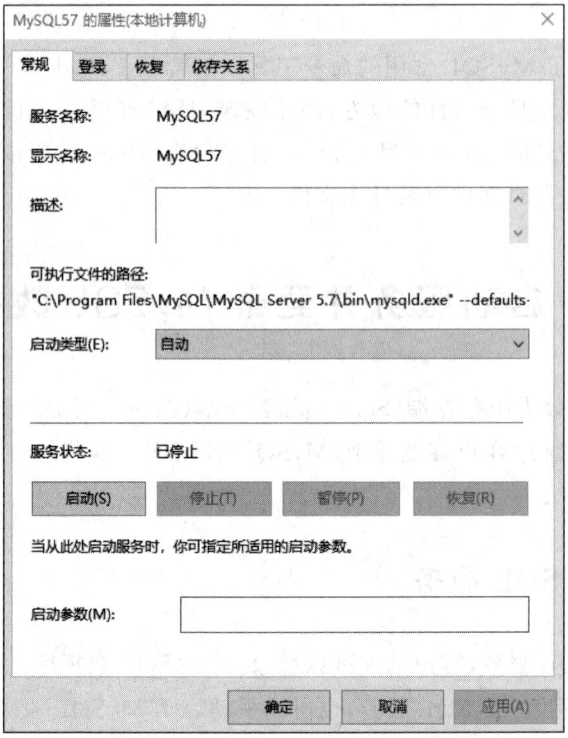

图 2-17　MySQL57 的属性（本地计算机）

可以在"MySQL 的属性（本地计算机）"界面中设置服务状态。可以将服务状态设置为"启动""停止""暂停"和"恢复"。而且还可以设置启动类型，在启动类型处的下拉菜单中可以选择"自动""手动"和"已禁用"命令。这 3 种启动类型的说明如下。

自动：MySQL 服务是自动启动，可以手动将状态变为停止、暂停和重新启动等。

手动：MySQL 服务需要手动启动，启动后可以改变服务状态，如停止、暂停等。

已禁用：MySQL 服务不能启动，也不能改变服务状态。

MySQL 服务启动以后，可以在 Windows 的任务管理器中查看 MySQL 的服务是否已经运行。通过按 Ctrl＋Alt＋Delete 组合键可以打开任务管理器，然后检查 mysqld.exe 的进程是否在运行，如果该进程正在运行，说明 MySQL 服务已经启动，可以通过客户端访问 MySQL 数据库。

如果读者需要经常练习 MySQL 数据库的操作，那么最好将 MySQL 设置为自动启动，这样可以避免每次手动启动 MySQL 服务。当然，如果读者使用 MySQL 数据库的频率较低，可以考虑将 MySQL 服务设置为手动启动，从而避免 MySQL 服务长时间占用系统资源。

2.2.2 登录 MySQL 数据库

当 MySQL 服务开启后，用户可以通过客户端登录 MySQL 数据库。在 Windows 操作系统下可以在 DOS 窗口中登录 MySQL 数据库。登录可以通过 DOS 命令完成。本小节将为读者介绍使用命令方式登录 MySQL 数据库的方法。

在 Windows 操作系统下要使用 DOS 窗口执行命令，可以选择"开始"→"运行"命令打开"运行"对话框，如图 2-18 所示。在"运行"对话框的"打开"文本框中输入 cmd 命令，即可进入 DOS 窗口，如图 2-19 所示。

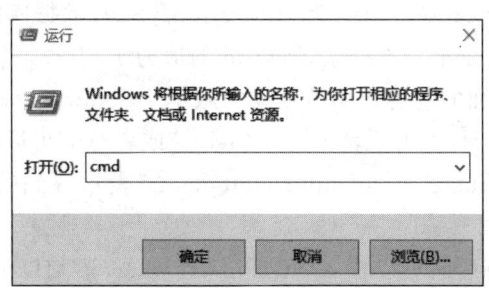

图 2-18 "运行"对话框

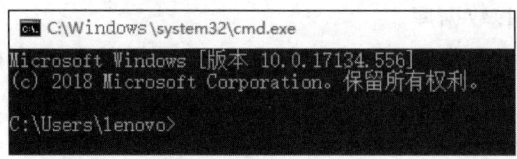

图 2-19 DOS 窗口

在 DOS 窗口中可以通过命令登录 MySQL 数据库，命令如下：

mysql -h 127.0.0.1 -u root -p

其中，mysql 是登录 MySQL 数据库的命令；-h 后面是服务器的 IP 地址，因为 MySQL 服务器在本地计算机上，此处 IP 为 127.0.0.1；-u 后面接数据库用户名，此处用

root 用户登录;-p 后面接用户的密码。

在 DOS 窗口下运行该命令后,系统会提示输入密码。密码输入正确以后,即可登录到 MySQL 数据库,如图 2-20 所示。

```
C:\Program Files\MySQL\MySQL Server 5.7\bin>mysql -hlocalhost -uroot -p
Enter password: ******
Welcome to the MySQL monitor.  Commands end with ; or \g.
Your MySQL connection id is 1
Server version: 5.7.19-log MySQL Community Server (GPL)

Copyright (c) 2000, 2017, Oracle and/or its affiliates. All rights reserved.

Oracle is a registered trademark of Oracle Corporation and/or its
affiliates. Other names may be trademarks of their respective
owners.

Type 'help;' or '\h' for help. Type '\c' to clear the current input statement.
```

图 2-20 登录到 MySQL 数据库

登录成功以后,会出现"Welcome to the MySQL monitor"欢迎语,下面还有一些说明性的语句,这些说明性的语句作用如下。

"Commands end with ; or \g."说明 mysql 命令行下面的命令是以分号(;)或 g 来结束的,遇到这个结束符就开始执行命令。

"Your MySQL connection id is 1"中,id 表示 MySQL 数据库的连接次数。因为这个数据库是新安装的,并且是第一次登录,所以 id 的值为 1。

"Server version"后面的内容说明数据库的版本。Community 表示该版本是社区版。

"Type 'help';or '\h' for help."表示输入"help;"或者"\h"可以看到帮助信息。

"Type '\c' to clear the current input statement."表示遇到"\c"就清除当前输入的命令。

在"mysql>"提示符后面可以输入 SQL 语句。SQL 语句以分号(;)或 g 来结束,按下 Enter 键可以执行 SQL 语句。

用户也可以执行"开始"→"运行"命令打开"运行"对话框,在"打开"文本框中输入 mysql 命令登录 MySQL 数据库。

单击"确定"按钮后,会进入提示输入密码的 DOS 窗口,输入正确的密码后,就可以登录到 MySQL 数据库了。登录后的情况与图 2-20 一致。

如果要使用这种方式登录 MySQL 数据库,必须保证 MySQL 应用程序的目录已经添加到 Windows 系统的 Path 变量中了。

2.2.3 配置 Path 变量

如果 MySQL 应用程序的目录没有添加到 Windows 系统的 Path 变量中,可以手动将 MySQL 的目录添加到 Path 变量中。本小节将介绍配置 Path 变量的方法。

将 MySQL 应用程序的目录添加到 Windows 系统的 Path 中,可以使以后的操作更加方便。例如，可以直接在"运行"对话框中输入 MySQL 数据库的命令，而且以后在编程时也会更加方便。配置 Path 路径很简单，只要将 MySQL 应用程序的目录添加到系统的 Path 变量中就可以了。详细步骤如下。

(1) 右击"我的电脑"图标，选择"属性"命令，然后在系统属性中选择"高级"→"环境变量"命令，进入环境变量的界面，如图 2-21 所示，可以看到系统变量的内容。

(2) 在系统变量区域中选择 Path 变量，然后单击"编辑"按钮，进入编辑环境变量对话框。

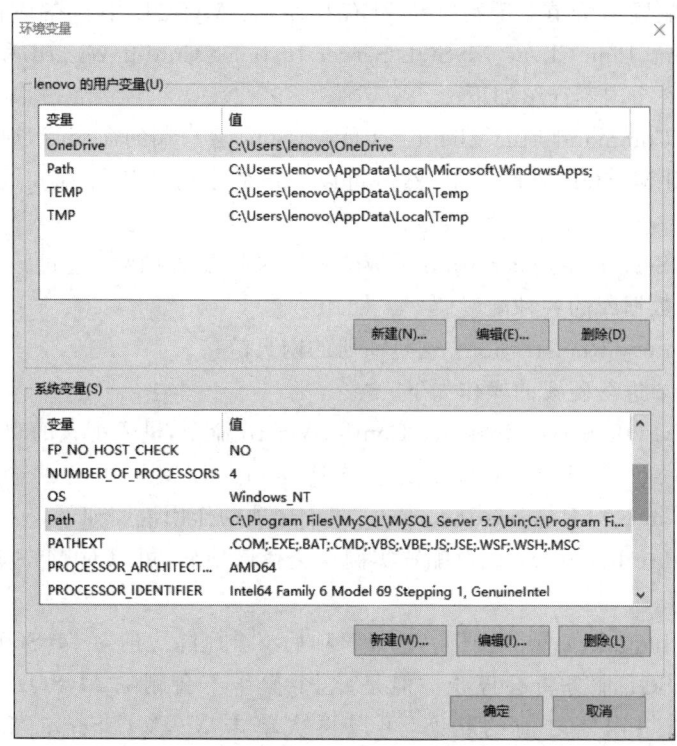

图 2-21 环境变量的界面

(3) 可以在"变量值"对话框中添加 MySQL 应用程序的目录。已经存在的目录用分号隔开。添加的 MySQL 的目录为 C:\Program Files\MySQL\MySQL Server 5.7\bin。将该目录添加到"变量值"中，然后单击"确定"按钮，MySQL 数据库的 Path 变量就添加好了，可以直接在 DOS 窗口中输入 mysql 等命令。如果在 DOS 窗口中执行 mysql 命令，能够成功登录到 MySQL 数据库中，这就说明 Path 变量已经配置成功。

2.3 更改 MySQL 的配置

MySQL 数据库安装完成以后，可能需要根据实际情况更改 MySQL 的某些配置。一般可以通过两种方式更改：一种是通过配置向导更改配置；另一种是手动更改配置。本节将详细介绍更改 MySQL 配置的方法。

2.3.1 通过配置向导更改 MySQL 的配置

MySQL 提供了一个较为人性化的配置向导,通过配置向导可以很方便地进行配置。对于初级用户而言,这种配置方式很容易掌握。本小节将为读者介绍使用配置向导更改 MySQL 的配置方法。

MySQL 的配置向导在"开始"→"所有程序"→MySQL 中。在该位置可以看到 MySQL Command Line Client、MySQL Server Instance Config Wizard 和 SunInventory Registration,这 3 个内容介绍如下。

- MySQL Command Line Client:这是 MySQL 客户端的命令行,通过该命令行可以登录到 MySQL 数据库中,然后可以在该命令行中执行 SQL 语句、操作数据库等。
- MySQL Server Instance Config Wizard:这是配置向导,通过该向导可以进行 MySQL 数据库的各种配置。
- SunInventory Registration:这是注册的网页链接。

通过配置向导进行配置的操作如下。

(1) 单击 MySQL Server Instance Config Wizard 命令,进入配置的欢迎窗口。

(2) 单击 Next 按钮,进入选择配置选项窗口。该窗口中有两个选项,分别是 Reconfigure Instance 和 Remove Instance。两个选项的作用说明如下。

- Reconfigure Instance:重新配置实例。选择该项后,可以对 MySQL 的各项参数进行配置。
- Remove Instance:删除实例。选择该项后将会删除之前对 MySQL 服务的配置,然后 MySQL 服务将会停止。但是,这个操作不会删除 MySQL 的所有安装文件。如果想恢复之前的状态,可以再次单击 MySQL Server Instance Config Wizard 按钮重装进行配置。

(3) 选择 Reconfigure Instance 选项,然后单击 Next 按钮进入配置过程。接下来的配置过程与 2.1 节的配置过程大致相同,读者可以根据 2.1 节的步骤(7)到步骤(12)进行配置,其中配置向导的内容基本一致。

2.3.2 手动更改 MySQL 的配置

用户可以通过修改 MySQL 配置文件的方式进行 MySQL 的配置。这种配置方式更加灵活,但是相对来说比较难。初级用户可以通过手动配置的方式学习 MySQL 的配置,这样可以了解得更加透彻。本小节将向读者介绍手动更改 MySQL 配置的方法。

在进行手动配置之前,读者需要对 MySQL 的文件有所了解。前面已经介绍过,MySQL 的文件安装在 C:\Program Files\MySQL\MySQL Server 5.7 目录下,而 MySQL 数据库的数据文件安装在 C:\Documents and Settings\All Users\Application

Data\MySQL\MySQL Server 5.7 data 目录下。

安装文件夹中有 4 个子文件夹和若干文件。这 4 个子文件夹分别是 bin、include、lib 和 share。下面分别对这 4 个子文件夹进行介绍。

- bin：该子文件夹下都是可执行文件，如 mysql.exe、mysqld.exe 和 mysqladmin.exe 等。
- include：该子文件夹下都是头文件，如 decimal.h、errmsg.h 和 mysql.h 等。
- lib：该子文件夹下都是库文件。该子文件夹下有两个文件夹，分别是 opt 和 plugin。
- share：该子文件夹下包含字符集、语言等信息。

因为安装的是 Windows Essentials 的软件包，所以不包含 Embedded 和 sql-bench 文件夹。除了这 4 个子文件夹以外，还有几个后缀名为 ini 的文件。不同的 ini 文件代表不同的意思，其中只有 my.ini 是正在使用的配置文件，其他 .ini 文件都是适合不同数据库的配置文件的模板。文件名中的单词说明了其适合的数据库的类型。下面分别进行介绍。

my.ini 是 MySQL 数据库中使用的配置文件，修改这个文件可以达到更新配置的目的。

my-huge.ini 是适合超大型数据库的配置文件。

my-large.ini 是适合大型数据库的配置文件。

my-medium.ini 是适合中型数据库的配置文件。

my-small.ini 是适合小型数据库的配置文件。

my-template.ini 是配置文件的模板。MySQL 配置向导将该配置文件中选择的项写入 my.ini 文件中。

my-innodb-heavy-4G.ini 表示该配置文件只对 InnoDB 存储引擎有效，而且服务器的内存不能小于 4GB。

MySQL 数据库中使用的配置文件是 my.ini，因此，只要修改 my.ini 中的内容就可以达到更改配置的目的。

如果安装时选择的配置不一样，那么配置文件会稍有不同，读者可以根据自己的需要更改相应参数的值。

2.4 MySQL 常用图形管理工具

MySQL 图形管理工具可以在图形界面上操作 MySQL 数据库。在命令行中操作 MySQL 数据库时，需要使用很多的命令，而图像管理工具则只需使用鼠标单击即可，这使 MySQL 数据库的操作更加简单。本节将介绍一些常用的 MySQL 图形管理工具。

MySQL 的图形管理工具很多，常用的有 MySQL GUI Tools、phpMyAdmin、Navicat 等。通过这些图像管理工具，可以使 MySQL 的管理更加方便。每种图形管理工具各有特点，下面分别进行简单的介绍。

1. MySQL GUI Tools

MySQL GUI Tools 是 MySQL 官方提供的图形管理工具,这个管理工具的功能非常强大。其中包括 MySQL Administrator、MySQL Query Browser、MySQL Migration Toolkit 和 MySQL System Tray Monitor 4 个管理工具,这 4 个工具介绍如下。

(1) MySQL Administrator 是 MySQL 管理器,主要在服务端使用,对 MySQL 服务进行管理。可以启动或关闭 MySQL 服务,查看连接情况及配置参数,查看管理日志和备份等。

(2) MySQL Query Browser 是 MySQL 数据查询界面,主要用于客户端进行数据查询、创建表、创建视图和插入数据等操作。

(3) MySQL Migration Toolkit 是 MySQL 数据库迁移工具,可以实现不同数据库之间的数据迁移。

(4) MySQL System Tray Monitor 是 MySQL 系统的托盘监视器,从这个监视器中可以打开上面的三个工具。

MySQL GUI Tools 现在的版本是 5.0,下载地址是 http://dev.mysql.com/downloads/gui-tools/5.0.html。这个图形管理工具安装非常简单,使用也非常容易。虽然该工具只有英文版,但是这些英文都很简单,很容易看懂。

2. phpMyAdmin

phpMyAdmin 是使用 PHP 语言开发的 MySQL 图形管理工具,该工具基于 Web 方式架构在网站主机上。该工具管理数据库非常方便,拥有超级用户权限的用户可以管理整个 MySQL 服务器,普通用户可以管理单个数据库。管理单个数据库需要进行简单的配置,有兴趣的读者可以查找相关资料。phpMyAdmin 的使用非常广泛,尤其在 Web 开发方面,因为该工具是使用 PHP 语言开发的,熟悉 PHP 语言的读者会很喜欢这款工具,而且该工具支持中文。但是其对大型数据库的备份和恢复并不方便。phpMyAdmin 的下载网址是 http://www.phpmyadmin.net/。

3. Navicat

Navicat 是一款功能非常强大的 MySQL 数据库管理和开发工具,其可以支持 Mysql3.21 及以上的版本,而且这款工具支持触发器、存储过程、函数、事务处理、视图和用户管理等功能。Navicat 的图形化界面非常友好,用户使用和管理都很方便,而且这款工具支持中文,并且有免费版本提供,下载网址是 http://www.navicat.com。

4. SQLyog

SQLyog 是一款简洁高效且功能强大的图形化 MySQL 数据库管理工具,这款工具是使用 C++ 语言开发的。用户可以使用这款软件有效地管理 MySQL 数据库。该工具可以方便地创建数据库、表、视图和索引等,还可以方便地进行插入、更新和删除等操作,另外,也可以方便地进行数据库、数据表的备份与还原。该工具不仅可以通过 SQL 文件进行大量文件的导入与导出,而且还可以导入与导出 XML、HTML 和 CSV 等多种格式的数据。下载网址为 http://www.webyog.com/en/index.php。

除了上述 MySQL 图形管理工具以外,还有 MySQL Dumper、MySQL ODBC 等非常优秀的 MySQL 图形管理工具,大家可参考相关资料。

2.5 使用免安装的 MySQL

Windows 操作系统下有免安装的 MySQL 软件包。用户直接解压这个软件包,进行简单的配置就可以使用了。免安装包省略了安装过程,使用起来也很方便。本小节将为读者详细介绍免安装的 MySQL 的使用。

读者可以在 MySQL 官方网站上下载免安装的 MySQL 软件包。下载网址是 https://dev.mysql.com/downloads/mysql/。下载后软件包的名称为 mysql-noinstall-5.7.x-win32.zip。其中,noinstall 表示该软件包是免安装的,解压就可以使用;5.7.x 表示该软件的版本号,如果软件升级后版本号就会不同;win32 表示该软件是在 Windows 操作系统下运行,而且处理器是 32 位的。下载后进行设置的操作如下。

1. 解压软件包

将下载的免安装 MySQL 软件包解压到 Windows 系统的 C 盘里。该软件包解压后,文件夹的默认名称为 mysql-5.7.x-win32。为了使用方便,将文件夹改名为 mysql。该文件夹下面有 10 个子文件夹,下面作详细介绍。

bin 子文件夹下是各种执行文件,如 mysql.exe、mysqld.exe 等;
data 子文件夹下存储着日志文件和数据库;
docs 子文件夹下存储着版权信息、MySQL 的更新日志和安装信息等文档;
embedded 子文件夹下是嵌入式服务器的文件;
include 子文件夹下存储着头文件;
lib 子文件夹下存储着库文件;
mysql-test 子文件夹下存储着与测试有关的文件;
scripts 子文件夹下存储着用 Perl 语言编写的实用工具脚本;
share 子文件夹下是字符集和语言的信息;
sql-bench 子文件夹下存储着多种数据库之间性能比较的信息和基准程序。

如果读者下载的版本不一样,可能子文件夹会有一些不同。但是不管是哪个版本,最主要的子文件夹都是 bin、data、include、lib 和 share 这几个。

除了这几个子文件夹以外,还有几个后缀名为 ini 的文件。但是没有 my.ini 这个文件,这个文件是需要用户自己创建的。下面将介绍如何创建 my.ini 文件。

2. 创建 my.ini 文件

mysql 文件夹下有多个后缀名为 ini 的文件,需要将其中一个复制到 C:\DOWINDOWS 文件夹下,并将其改名为 my.ini。选择 my-large.ini,将这个文件复制到 C:\DOWINDOWS,并改名为 my.ini。

3. 修改 my.ini 文件

在 C:\DOWINDOWS 文件夹下打开 my.ini 文件。在"[mysqld]"这个组中加入以下两条记录。

```
basedir="C:/mysql"
datadir="C:/mysql/data/"
```

参考说明如下。

basedir 参数表示 MySQL 软件的安装路径。这个 MySQL 软件的路径为"C:/mysql/"。

datadir 参数表示 MySQL 数据库中数据文件的存储位置。这个 MySQL 软件的数据文件存储在 data 文件夹下。

除了上述内容,还需要加入一个组和一条记录。这个组的名称为 WindowsMySQLServer,意思是 Windows 操作系统下的 MySQL 服务。Server 参数表示 MySQL 服务端程序。"C:/mysql/bin/mysqld.exe"这个可执行文件就是 MySQL 的服务端程序。这个组的内容可以直接加到前面的两条记录之后。

上述内容加入后,保存并且关闭 my.ini 文件,至此,配置文件 my.ini 就配置完成了。下面可以设置 MySQL 的服务了。

4. 设置 MySQL 服务

现在各种配置文件都已经配置完成,需要将 MySQL 的服务端程序添加到系统的服务中。选择"开始"→"运行"命令,在打开的"运行"窗口中执行以下命令。

```
C:/mysql/bin/mysqld.exe-install
```

单击"确定"按钮后,会有一个 DOS 窗口一闪而过,这就说明这个命令已经执行了。如果这个命令执行成功,那么 MySQL 服务就已经添加到系统服务中了。在"控制面板"→"管理工具"→"服务"选项下可以找到 MySQL 的服务。

5. 配置系统 Path 变量

为了方便命令的执行,需要将 MySQL 的 bin 目录添加到 Path 变量中。右击"我的电脑"图标,选择"属性"命令,然后在系统属性中选择"高级"→"环境变量"命令。在系统变量中选择 Path 变量,然后单击"编辑"按钮,进入编辑环境变量的窗口。将 C:/mysql/bin 添加到参数的最后,然后单击"确定"按钮。

6. 启动和关闭服务

上面的设置完毕后,就可以启动 MySQL 服务了。启动和关闭服务有两种方式:一种是使用命令启动和关闭服务;另一种是到系统服务中去启动和关闭服务。在"运行"窗口中输入 cmd 命令后进入 DOS 窗口,然后在 DOS 窗口执行启动和关闭服务的命令,命令如下:

```
net start mysql        //启动服务器
net stop mysql         //关闭服务器
```

如果要在系统服务中操作,在"控制面板"→"管理工具"→"服务"选项下可以找到 MySQL 的服务,在这个服务中可以进行 MySQL 服务的启动、暂停和停止等操作。

通过这些设置,MySQL 数据库就配置完毕了。启动服务后,就可以登录到 MySQL 数据库中。登录和操作的方式与图形化安装后的 MySQL 软件是一样的。

2.6 小 结

本章主要介绍了在 Windows 操作系统中安装和配置 MySQL 数据库的方法。通过本章的学习,读者需要掌握下载 MySQL 数据库、使用图形化方式安装 MySQL 数据库、配置 MySQL 数据库、启动 MySQL 服务和登录 MySQL 数据库等内容。使用免安装的 MySQL 软件包和手动配置 MySQL 数据库是本章的难点。读者在学习本章时一定要结合实践,只有通过安装与配置的实际操作才能真正掌握本章的内容。

2.7 习 题

1. 通过图形化方式安装 MySQL 数据库。根据本章的内容,练习安装与配置 MySQL 数据库。

2. 练习手动配置环境变量。

3. 练习删除 MySQL 服务的方法。

4. 练习使用免安装的 MySQL 软件包进行安装。

5. 练习通过手动修改 my.ini 文件的方式更改配置。

第 3 章 数 据 类 型

大千世界中有各种各样的数据,可以按照不同的类型将这些数据进行归类,这就是数据的类型。MySQL 中数据类型包括的种类很多,在此简要分为四大类,分别为整数类型、浮点数和定点数类型、字符串类型、日期和时间类型。

本章主要内容如下:
- 掌握常用的整数类型。
- 掌握浮点数和定点数类型。
- 理解字符串类型。
- 掌握常用的日期和时间类型。

【相关单词】

(1) medium:中等的 (2) float:浮点型
(3) double:双精度 (4) decimal:小数,十进位
(5) enum:枚举 (6) tiny:微型的
(7) char:字符 (8) current:当前的

3.1 整 数 类 型

整数类型是一种数据的分类形式,它表示的数据是整数数据。整数类型属于 MySQL 的基本数据类型。其中,根据所占用的字节的不同,又可以将整数类型细分为 tinyint、smallint、mediumint、int、integer 和 bigint。对于每一种细化的整数类型的数据,根据该数据是否有正负号,又将其划分为有符号数和无符号数。有符号数是指包含正负号的整数,无符号数是指无正负号的整数。具体如表 3-1 所示。

表 3-1 整数类型的详细信息

整数类型	大小(字节)	范围(有符号)	范围(无符号)
tinyint	1	−128~127	0~255
smallint	2	−32768~32767	0~65535
mediumint	3	−8388608~8388607	0~16777215
int	4	−2147483648~2147483647	0~4294967295
integer	4	−2147483648~2147483647	0~4294967295
bigint	8	−9223372036854775808~9223372036854775807	0~18446744073709551615

1. tinyint 类型的数据

tinyint 类型的数据占 1 字节的空间,换算成二进制为 8 位,是众多整数类型中占用内存字节最小的数据类型。有符号的 tinyint 类型的数据的取值范围是 $-2^7 \sim 2^7 - 1$,即 $-128 \sim 127$。无符号数的范围是 $0 \sim 2^8$,即 $0 \sim 255$。tinyint 类型的数据的默认显示宽度为 4 位数字的宽度。

2. smallint 类型的数据

smallint 类型的数据占用 2 字节的空间。有符号类型的数据对应的取值范围是 $-32768 \sim 32768$,无符号类型的数据对应的取值范围是 $0 \sim 65535$。smallint 类型的数据默认显示宽度是 6 位数字的宽度。

3. int 类型的数据

int 类型的数据占用 4 字节的空间,int 类型的数据默认显示的宽度是 11 位数字的宽度。

4. integer 类型的数据

integer 类型的数据占用 4 字节的空间,int 类型的数据和 integer 类型的数据所占用的字节空间是一样的,它们的作用是等同的。

5. bigint 类型的数据

bigint 类型的数据占用 8 字节的存储空间,在 MySQL 众多整数类型中占用字节数最多。bigint 类型的数据默认的显示宽度是 20 位数字的宽度。MySQL 在支持数据类型的名称后面指定该类型的显示宽度,例如 int(11)中,11 就是 int 类型的数据默认的显示宽度,其基本形式如图 3-1 所示。

Field	Type	Null	Key	Default	Extra
id	int(11)	NO	PRI	NULL	auto_increment
number	int(5)	NO		NULL	

2 rows in set (0.01 sec)

图 3-1　int 类型的数据的字段信息

默认 tinyint 类型的数据宽度是 4 位数字的宽度。需要注意的是,显示宽度包含正负号。

如图 3-2 所示,字段 a 和 b 分别为 int(4)类型的数据和 int 类型的数据,这是向表中插入 111111 和 22222222 一条数据记录的结果。

a	b
111111	22222222

图 3-2　tinyint 类型的数据的字段信息

结果显示,a 字段设置的显示宽度为 4 位数字的宽度,但是最后结果仍然可以显示 6 位数字的宽度,这说明当插入数据的显示宽度大于设置的显示宽度,但小于默认宽度时,数据依然可以插入。但如果一个值大于这个类型的最大值,那么这个值是不可能被插入的。

3.2 浮点数和定点数类型

整数类型用来表示整数,浮点类型和定点类型都用来表示小数。按照小数点是否固定,分为浮点数类型和定点数类型。浮点数类型是指小数点是浮动的,定点数类型是指小数点是固定的。其中浮点数类型根据精度不同,又分为单精度浮点类型(float)和双精度浮点类型(double)。单精度浮点类型的字节数是 4,双精度浮点类型的字节数是 8,很明显,双精度浮点类型比单精度浮点类型占用的字节数多,所表示的数据的准确性也更高一些。

MySQL 中可以指定浮点数和定点数的精度。float 和 double 类型在不指定精度时,默认会按照实际的精度显示,而 decimal 类型在不指定精度时,默认整数为 10,小数为 0,即默认为整数。

decimal 类型的有效取值范围是由 M 和 D 决定的,M 表示精度,是指不包括小数点的位数;D 表示标度,是指小数点后保留几位有效数字。例如,score 字段的类型是 decimal(3,1),若要添加的数据是 73.24,那么在执行完添加操作后,数据库实际保留的数值是 73.2。decimal 类型的字节数是 M+2,定点数的存储空间是根据其精度决定的。

浮点数类型的详细信息见表 3-2。

表 3-2 浮点数类型的详细信息

类 型	作 用	占用内存空间
float	单精度浮点数	4 字节
double	双精度浮点数	8 字节
decimal	压缩的"严格"定点数	M+2 字节

注意:在 MySQL 当中,定点数以字符串形式存储,因此,其精度比浮点数要高。浮点数容易出差错,一般选择定点数类型比较安全。

3.3 字符串类型

字符串类型是指以字符串表示的数据,具体包括以下几种:char 类型和 varchar 类型、enum 类型、set 类型。

3.3.1 char 类型和 varchar 类型

char 类型与 varchar 类型都可以表示字符串。char 类型与 varchar 类型的数据的区别是：char 类型的数据的长度是固定的、不可变的，在创建时就固定了。如，char(5)表示该数据的长度是 5。

varchar 则不一样，它的长度是可变的，在创建表时指定了最大长度，最大长度可以为 0～65535 的任意值。例如，某字段 name 的数据类型为 varchar(100)，则该数据的最大长度是 100，但是它是可变的，最后根据数据的实际占用空间去分配。varchar 类型实际占用的空间为字符串的实际长度加 1，这样可以有效地节约系统空间。

注意：字符串类型在创建表字段时都指定了最大长度，并且该长度不能省略，具体实例如图 3-3 所示。

Field	Type	Null	Key	Default	Extra
a	char(10)	YES		NULL	
b	varchar(10)	YES		NULL	

图 3-3　表字段详细信息

3.3.2　enum 类型

enum 类型又称为枚举类型，其值在创建之初就已经设定，语法格式如下：

属性名 enum('值 1', '值 2'…'值 n')

其中，属性名是指表中某字段的名字；"值 1"到"值 n"是指该字段所规定的具体值的集合，集合中的每个值都有一个顺序的编号，MySQL 中存入的是这个编号，而不是其中的值。n 的个数最大为 65535。enum 类型的字段可以为 null，如果为该字段加上了 not null 属性，其默认值为集合的第一个值。

【例 3-1】　创建表 HOBBY，该表中只有一个字段 hobby，该字段的可选项为"听音乐""跳舞"和"唱歌"，相关 SQL 语句如下所示。

```
create table HOBBY(
   hobby enum('听音乐','跳舞','唱歌'));
```

3.3.3　set 类型

set 类型和 enum 类型一样，是只能在指定的集合里取值的字符串数据类型。在创建表时，set 类型的取值范围就以集合的形式指定了，其语法格式如下：

属性名 set('值 1', '值 2'…'值 n')

其中，属性名是指某字段的名字。'值 n'是指该字段可以选取的第 n 个值，这些值末尾的空格将会被系统直接删除。set 类型的字段可以取集合中的一个值，也可以取多个值的组合；取多个值时，不同元素之间用逗号隔开，最多只能是 64 个元素构成的组合。同 enum 类型集合一样，集合中的每个值都有一个顺序排列的编号，MySQL 存入的是这个编号,而不是具体的值。在添加数据时,set 类型字段的元素的顺序无关紧要,存入数据库时,数据库系统会自动按照定义时的顺序显示。

【例 3-2】 要求同例 3-1,用 set 类型实现。

```
create table HOBBY(
    hobby set('听音乐','跳舞','唱歌')
);
```

3.4 日期和时间类型

日期和时间类型包括:year 类型、time 类型、date 类型和 datetime 类型。其中 year 类型表示年份,time 类型表示时间,date 类型表示日期,datetime 类型表示日期和时间,具体信息如表 3-3 所示。

表 3-3 日期时间函数

类 型	大小(字节)	范 围	格 式	用 途
date	3	1000-01-01—9999-12-31	YYYY.MM.DD	日期值
time	3	'-838:59:59'—'838:59:59'	HH:MM:SS	时间值或持续时间
year	1	1901—2155	YYYY	年份值
datetime	8	1000-01-01 00:00:00—9999-12-31 23:29:59	YYYY.MM.DD HH:MM:SS	混合日期和时间值

3.4.1 year 类型

year 类型的字段占 1 个字节,MySQL 中以 YYYY 的形式显示 year 类型的值。

给 year 类型的字段赋值的表示方法如下。

(1) 使用 4 位数字字符串或数字表示。数字的范围为 1901—2155。输入格式为 'YYYY'或 YYYY。例如,输入'2012'或者 2012,可直接保存 2012;如果超出了范围,就会插入 0000。

(2) 使用 2 位字符串表示。如字符串的范围是'00'—'69',则最终该值转换为 2000—2069;若字符串的范围是'70'—'99',则最终该值转换为 1970—1999。例如,若输入'35',year 值会转换成 2035;若输入'90',year 值会转换成 1990。'0'和'00'效果一样。

(3) 使用 2 位数字表示。1—69 转换为 2001—2069,70—99 转换为 1970—1999。输入 2 位数字和输入 2 位字符串结果是不一样的。如果插入 0,转换后的 year 值不是 2000,而是 0000。

3.4.2 time 类型

time 类型表示时间类型,该类型占用 3 字节的空间。MySQL 中以 HH:MM:SS 的形式显示 time 类型的值。其中,HH 表示时;MM 表示分,取值范围为 0—59;SS 表示秒,取值范围是 0—59。

time 类型的范围可以是'-838:59:59'—'838:59:59'。虽然小时的范围是 0—23,但是为了表示某种特殊情况,将 time 类型的范围扩大了,负值是指向前推一定的时间。

time 类型的字段赋值的表示方法如下。

(1) 用'D HH:MM:SS'格式的字符串表示。其中,D 表示天数,取值范围是 0—34。保存时,小时的值等于(D×24+HH)。例如,输入'2 11:30:50',time 类型会转换为 59:30:50。当然,这种形式不是固定的,也可以使用'HH:MM:SS'、'HH:MM'、'D HH:MM'、'D HH'、'SS'等变形形式。

(2) 用'HHMMSS'格式的字符串或 HHMMSS 格式的数值表示。例如,输入字符串'123456',time 类型会转换成 12:34:56;输入数字 123456,time 类型也会转换成同样的时间。如果输入 0 或者'0',那么 time 类型会转换为 0000:00:00。

(3) 使用 current_time()或者 now()函数可输入当前的系统时间。

3.4.3 date 类型

date 类型表示日期,date 类型的字段占用 4 字节的空间。MySQL 中是以 YYYY-MM-DD 的形式显示 date 类型的值,其中 YYYY 表示年,MM 表示月,DD 表示日。date 类型的范围可以为'1000-01-01'—'9999-12-31'。

给 date 类型的字段赋值的表示方法如下。

(1) 用'YYYY-MM-DD'或'YYYYMMDD'格式的字符串表示,这种方式可以表达的范围是'1000-01-01'—'9999-12-31'。例如,输入'1008-3-4',date 类型将转换为 1008-03-04;输入'10080304',date 类型将转换为 1008-3-4。

(2) MySQL 支持一些不严格的语法格式,任何标点都可以用来作为间隔符。如'YYYY/MM/DD'、'YYYY@MM@DD'、'YYYY.MM.DD'等分隔形式。例如,输入'2011.3.8',date 类型将转换为 2011-03-08。

(3) 用'YY-MM-DD'或者'YYMMDD'格式的字符串表示。其中'YY'的取值为'00'—'69',则转换为 2000—2069,'70'—'99'转换为 1970—1999,这种情况与 year 类型类似。例如,输入'29-08-02',date 类型将转换为 2029-08-02;输入'820402',date 类型将转换为 1982-04-02。

(4) MySQL 中也支持一些不严格的语法格式,比如'YY/MM/DD'、'YY@MM@DD'、'YY.MM.DD'等分隔形式。例如,输入'90@3@8',date 类型将转换为 1990-03-08。

(5) 用 YYYYMMDD 或 YYMMDD 格式的数字表示。其中,'YY'的取值为'00'—'69',则转换为 2000—2069,'70'—'99'转换为 1970—1999,这种情况与 year 类型类似。例如,输

入 20180808，date 类型将转换为 2018-08-08；输入 790908，date 类型将转换为 1979-09-08；输入 0，那么 date 类型会转化为 0000-00-00。

（6）使用 current_date()或 now()函数可输入当前的系统时间。

3.4.4 datetime 类型

datetime 类型表示日期和时间，占用 8 字节的空间。MySQL 中以'YYYY-MM-DD HH:MM:SS'的形式来显示 datetime 类型的值。datetime 类型可以看作是 date 类型和 time 类型组合而成的结果。datetime 类型的字段赋值的表示方法如下。

（1）用'YYYY-MM-DD HH:MM:SS'或'YYYYMMDDHHMMSS'格式的字符串表示，这种方式可以表达的范围是'1000-01-01 00:00:00'—'9999-12-31 23:59:59'。例如，输入'2019-09-09 09:09:09'，datetime 类型会转换为 2019-09-09 09:09:09；输入'20190909090909'，同样会转换为 2019-09-09 09:09:09，如图 3-4 所示。

```
mysql> create table datetimetest(d1 datetime);
Query OK, 0 rows affected (0.01 sec)

mysql> insert into datetimetest values('20190909090909');
Query OK, 1 row affected (0.00 sec)

mysql> select * from datetimetest;
+---------------------+
| d1                  |
+---------------------+
| 2019-09-09 09:09:09 |
+---------------------+
1 row in set (0.00 sec)

mysql>
```

图 3-4 datetime 类型字段赋值转换(1)

（2）MySQL 支持一些不严格的语法格式，任何标点都可以用来作为间隔符。情况与 date 类型相同，而且时间部分也可以使用任意的分隔符隔开。这与 time 类型不同，time 类型只能用“:”隔开，例如，输入'2019@03@05＃05＄11＄31'，数据库中 datetime 类型统一转换为 2019-03-05 05:11:31，如图 3-5 所示。

```
mysql> insert into datetimetest values('2019@03@05#05$11$31');
Query OK, 1 row affected (0.00 sec)

mysql> select * from datetimetest;
+---------------------+
| d1                  |
+---------------------+
| 2019-09-09 09:09:09 |
| 2019-03-05 05:11:31 |
+---------------------+
2 rows in set (0.00 sec)

mysql> _
```

图 3-5 datetime 类型字段赋值转换(2)

（3）用'YY-MM-DD HH:MM:SS'或'YYMMDDHHMMSS'格式的字符串表示。其中'YY'的取值为'00'—'69',则转换为2000—2069;'70'—'99'转换为1970—1999。例如,输入'69-05-01 11:11:11',数据库中插入2069-05-01 11:11:11;输入'70-06-07 11:11:11',数据库中插入1970-06-07 11:11:11,如图3-6所示。

图3-6 datetime类型字段赋值转换(3)

（4）这种格式化的省略YY的简写方式也同样支持一些不严格的语法格式,比如用"@"或"*"作为间隔符。

（5）使用now()函数可输入当前系统的日期和时间,如图3-7所示。

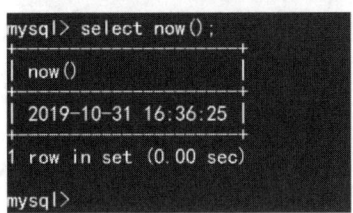

图3-7 使用now()函数的结果

3.5 小　　结

本章主要讲解了MySQL中的数据类型,其中整数类型、浮点数类型、日期和时间类型、字符串类型是数据库中使用最频繁的数据类型。这几种类型要重点掌握,其余内容可作为拓展性的知识了解即可。数据类型是创建数据表的基础,所以要对重点的数据类型的表示范围和表示何种数据有深入的认识,能够针对生活中的例子灵活运用所学的知识进行准确描述,并且在存储上达到最优化。

3.6 习　　题

1. 简答题

(1) MySQL 中 int 类型存储多少字节？

(2) float 类型和 double 类型的区别是什么？

(3) 如何在 MySQL 中获取当前日期？

(4) char 类型和 varchar 类型的区别是什么？

(5) 试列出 MySQL 中常用的几种数据类型。

2. 编程题

创建一个表 student，包含 id(学生学号)、sname(学生姓名)、gender(性别)、credit(信用卡号)4 个字段，要求：id 是主键且值自动递增，sname 是可变长字符类型，gender 是枚举类型，credit 是可变长字符类型。

第 4 章　创建数据库和表

数据库是指长期存储在计算机内、有组织的、可共享的数据集合。简而言之，数据库就是一个存储数据的仓库，其存储方式有特定的规律，可以方便地处理数据。数据在数据库中以表的形式存在。

本章主要内容如下：
- 创建、删除数据库。
- 存储引擎。
- 完整性约束条件。
- 创建、修改、删除表。
- 插入、更新、删除记录。

【相关单词】
(1) engines：引擎　　　　　　(2) primary：主要的
(3) unique：唯一　　　　　　 (4) default：默认值
(5) foreign：外国的　　　　　(6) insert：插入
(7) null：空　　　　　　　　 (8) update：更新

4.1　创建数据库

创建数据库是指在数据库系统中划出一块空间，用来存储相应的数据。这是进行表操作的基础，也是进行数据库管理的基础。本节主要讲解如何创建数据库。

在 MySQL 中，创建数据库须通过 SQL 语句 create database 实现。其语法格式如下：

```
create database 数据库名;
```

其中，参数"数据库名"表示所要创建的数据库的名称。在创建数据库之前，可以使用 show 语句显示现在已经存在的数据库。语法格式如下：

```
show databases;
```

使用 show 语句执行后，可以看到数据库系统中所有的数据库，结果如图 4-1 所示。

从上述查询结果可以看出，该数据库系统中已经存在 10 个数据库。

图 4-1　显示所有数据库

下面通过新建一个名为 example 的数据库来演示数据库的建立方法。在 MySQL 中输入以下代码。

create database example;

执行结果如图 4-2 所示。

图 4-2　创建数据库

结果显示数据库创建成功。"Query OK,1 row affected(0.08sec)"表示创建成功，1 行受到影响，处理时间为 0.08 秒。"Query OK"表示创建、修改和删除成功。

4.2　删除数据库

删除数据库是指在数据库系统中删除已经存在的数据库。删除数据库之后，原来分配的内存空间将被收回。需要注意的是，删除数据库会删除该数据库中所有的表和所有数据，因此，应该特别小心。本节主要讲解如何删除数据库。

在 MySQL 中，删除数据库是通过 drop database 语句来实现的。其语法格式如下：

drop database 数据库名；

其中，参数"数据库名"表示所要删除的数据库的名称。

下面执行 drop database 语句删除一个数据库。这个示例将删除 4.1 节新建的 example 数据库。在删除数据库之前，可以使用 show databases 语句查看一下是否存在 example 数据库信息。执行 show 语句的结果如图 4-3 所示。

查询结果显示，数据库系统中已经存在一个名为 example 的数据库。现在执行 drop database 语句来删除数据库，代码如下：

```
drop database example;
```

代码执行结果如图 4-4 所示。

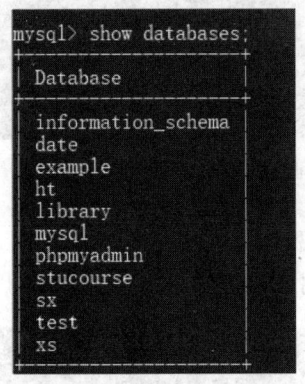

图 4-3　执行 show 语句

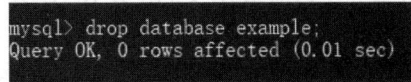

图 4-4　代码执行结果

执行结果显示数据库删除成功。可以执行 show databases 语句查看是否已经删除了 example 数据库。结果显示，数据库系统中已经不存在 example 数据库了。数据库删除成功，之前分配给 example 数据库的空间将被回收。

在此提醒读者特别注意，删除数据库要慎重，因为删除数据库会删除数据库中所有的表和表中所有的数据。如果确定要删除某一个数据库，可以先将该数据库备份，然后再删除，这样可以避免不必要的麻烦。

4.3　数据库存储引擎

MySQL 中提到了存储引擎的概念。简而言之，存储引擎就是指表的类型。数据库的存储引擎决定了表在计算机中的存储方式。本节将讲解存储引擎的内容和分类，以及如何选择合适的存储引擎。

4.3.1　MySQL 存储引擎简介

存储引擎的概念是 MySQL 的特点，而且是一种插入式的存储引擎概念，这决定了 MySQL 数据库中的表可以用不同的方式存储。用户可以根据自己的不同需求选择不同的存储方式，以及是否进行事务处理等。

可以通过 show engines 语句查看 MySQL 数据库支持的存储引擎类型，查询代码如下：

```
show engines;
```

show engines 查询结果如图 4-5 所示。

查询结果中，参数 Engine 指存储引擎名称；参数 Support 说明 MySQL 是否支持该

```
mysql> show engines;
+--------------------+---------+----------------------------------------------------------------+--------------+------+------------+
| Engine             | Support | Comment                                                        | Transactions | XA   | Savepoints |
+--------------------+---------+----------------------------------------------------------------+--------------+------+------------+
| InnoDB             | DEFAULT | Supports transactions, row-level locking, and foreign keys     | YES          | YES  | YES        |
| MRG_MYISAM         | YES     | Collection of identical MyISAM tables                          | NO           | NO   | NO         |
| MEMORY             | YES     | Hash based, stored in memory, useful for temporary tables      | NO           | NO   | NO         |
| BLACKHOLE          | YES     | /dev/null storage engine (anything you write to it disappears) | NO           | NO   | NO         |
| MyISAM             | YES     | MyISAM storage engine                                          | NO           | NO   | NO         |
| CSV                | YES     | CSV storage engine                                             | NO           | NO   | NO         |
| ARCHIVE            | YES     | Archive storage engine                                         | NO           | NO   | NO         |
| PERFORMANCE_SCHEMA | YES     | Performance Schema                                             | NO           | NO   | NO         |
| FEDERATED          | NO      | Federated MySQL storage engine                                 | NULL         | NULL | NULL       |
+--------------------+---------+----------------------------------------------------------------+--------------+------+------------+
9 rows in set (0.15 sec)
```

图 4-5 show engines 语句的查询结果

类引擎,YES 表示支持;参数 Comment 指对该引擎的评论;参数 Transactions 表示是否支持事务处理,YES 表示支持;参数 XA 表示是否采用支持分布式交易处理的 XA 规范,YES 表示支持;参数 Savepoints 表示是否支持保存点,以便于事务回滚到保存点,YES 表示支持。

从查询结果中可以看出,MySQL 支持的存储引擎包括 MyISAM、MEMORY、InnoDB、ARCHIVE 和 MRG_MYISAM 等,其中 InnoDB 为默认(default)存储引擎。

MySQL 中,show 语句也可以显示支持的存储引擎的信息,代码如下:

```
show variables like 'have%';
```

查询结果如图 4-6 所示。

```
mysql> show variables like 'have%';
+----------------------+----------+
| Variable_name        | Value    |
+----------------------+----------+
| have_archive         | YES      |
| have_bdb             | NO       |
| have_blackhole_engine| YES      |
| have_compress        | YES      |
| have_crypt           | NO       |
| have_csv             | NO       |
| have_dynamic_loading | YES      |
| have_example_engine  | NO       |
| have_federated_engine| YES      |
| have_geometry        | YES      |
| have_innodb          | DISABLED |
| have_isam            | NO       |
| have_merge_engine    | YES      |
| have_ndbcluster      | NO       |
| have_openssl         | DISABLED |
| have_ssl             | DISABLED |
| have_query_cache     | YES      |
| have_raid            | NO       |
| have_rtree_keys      | YES      |
| have_symlink         | YES      |
+----------------------+----------+
20 rows in set (0.05 sec)
```

图 4-6 show 语句显示支持的存储引擎的信息

查询结果中,第一列 Variable_name 表示存储引擎的名称;第二列 Value 表示 MySQL 的支持情况,YES 表示支持,NO 表示不支持,DISABLED 表示支持但还没有开启。

在创建表时,若没有指定存储引擎,表的存储引擎将为默认的存储引擎。可以通过 show 语句查看默认存储引擎,代码如下:

```
show variables like 'storage_engine';
```

代码执行结果如图 4-7 所示。

```
mysql> show variables like 'storage_engine';
+----------------+--------+
| Variable_name  | Value  |
+----------------+--------+
| storage_engine | MyISAM |
+----------------+--------+
```

图 4-7 查看默认存储引擎

结果显示默认的存储引擎为 MyISAM。读者可以使用该方式查看 MySQL 数据库的默认存储引擎。如果想更改默认的存储引擎，可以在 my.ini 中进行修改。将 default-storage-engine＝MyISAM 更改为 default-storage-engine＝InnoDB，然后重启服务，则修改生效。

4.3.2 InnoDB 存储引擎

InnoDB 是 MySQL 数据库的一种存储引擎。InnoDB 为 MySQL 的表提供了事务、回滚、崩溃修复能力和多版本并发控制的事务安全。MySQL 从版本 3.23.34a 开始包含 InnoDB 存储引擎。InnoDB 是 MySQL 第一个提供外键约束的表引擎，而且 InnoDB 对事务处理的能力也是 MySQL 其他存储引擎所无法比拟的。

InnoDB 存储引擎中支持自动增长列 auto_increment。自动增长列的值不能为空，且值必须唯一。MySQL 中规定自动增长列必须为主键。在插入值时，如果自动增长列不输入值，则插入的值为自动增长后的值；如果输入的值为 0 或空（null），则插入的值也为自动增长后的值；如果插入某个确定的值，且该值在前面没有出现过，则可以直接插入。

InnoDB 存储引擎支持外键（foreignkey）。外键所在的表为子表，外键所依赖的表为父表。父表中被子表外键关联的字段必须为主键。当删除、更新父表的某条信息时，子表也必须有相应的改变。InnoDB 存储引擎中，创建的表的表结构存储在.frm 文件中。数据和索引存储在 innodb_data_home_dir 和 innodb_data_file_path 定义的表空间中。

InnoDB 存储引擎的优势在于提供了良好的事务管理、崩溃修复能力和并发控制；缺点是读写效率稍差，占用的数据空间相对比较大。

4.3.3 MyISAM 存储引擎

MyISAM 存储引擎是 MySQL 中常见的存储引擎，曾是 MySQL 的默认存储引擎。

MyISAM 存储引擎是基于 ISAM 存储引擎发展起来的，MyISAM 增加了很多有用的扩展。MyISAM 存储引擎的表存储成 3 个文件，文件的名字与表名相同，扩展名包括 frm、MYD 和 MYI。其中，frm 为扩展名的文件存储表的结构；MYD 为扩展名的文件存储数据，是 MYData 的缩写；MYI 为扩展名的文件存储索引，是 MYIndex 的缩写。

基于 MyISAM 存储引擎的表支持 3 种不同的存储格式，包括静态型、动态型和压缩型。其中，静态型为 MyISAM 存储引擎的默认存储格式，其字段是固定长度的；动态型包含变长字段，记录的长度不是固定的；压缩型需要使用 myisampack 工具创建，占用的磁盘空间较小。

MyISAM 存储引擎的优势在于占用空间小，处理速度快；缺点是不支持事务的完整性和并发性。

4.3.4 MEMORY 存储引擎

MEMORY 存储引擎是 MySQL 中的一类特殊的存储引擎，它使用存储在内存中的内容创建表,而且所有数据也放在内存中。这些特性都与 InnoDB 存储引擎、MyISAM 存储引擎不同。

每个基于 MEMORY 存储引擎的表实际对应一个磁盘文件,该文件的文件名与表名相同,类型为 frm 类型。该文件中只存储表的结构,而其数据文件都存储在内存中,这将有利于对数据进行快速处理,从而提高整个表的处理效率。需要注意的是,服务器需要有足够的内存空间维持 MEMORY 存储引擎的表的使用。如果不需要使用了,可以释放这些内存空间,甚至可以删除不需要的表。

MEMORY 存储引擎默认使用哈希(hash)索引,其速度比使用 B 型树(btree)索引快。如果希望使用 B 型树索引,可以在创建索引时选择使用。

MEMORY 存储引擎通常很少用到,因为 MEMORY 表的所有数据是存储在内存上的,如果内存出现异常,就会影响到数据的完整性。如果重启机器或者关机,表中的所有数据将消失。因此,基于 MEMORY 存储引擎的表的生命周期很短,一般都是一次性的。

MEMORY 表的大小是受限制的。表的大小主要取决于两个参数,分别是 max_rows 和 max_heap_table_size。其中 max_rows 可以在创建表时指定;max_heap_table_size 的大小默认为 16MB,可以按需要进行扩大。这类表的处理速度非常快,但是,其数据易丢失,生命周期短。由于这个缺陷,选择 MEMORY 存储引擎时需要特别小心。

4.3.5 存储引擎的选择

在实际工作中,选择一个合适的存储引擎是一个非常复杂的问题。每种存储引擎都有各自的优缺点,不能笼统地说哪个存储引擎更好,所以应当根据不同的情况,选择不同的存储引擎。表 4-1 对存储引擎的特性进行了对比,用户可以根据自己的需求进行选择。

表 4-1 存储引擎的对比

特　　性	InnoDB	MyISAM	MEMORY
事务安全	支持	无	无
存储限制	64TB	有	有
空间使用	高	低	低
内存使用	高	低	高
插入数据的速度	低	高	高
对外键的支持	支持	无	无

下面根据其不同的特性,给出选择存储引擎的建议。

InnoDB 存储引擎:InnoDB 存储引擎支持事务处理和外键,同时支持崩溃修复能力和并发控制。如果对事务的完整性要求比较高,要求实现并发控制,那么选择 InnoDB 存储引擎有很大的优势;如果需要频繁地更新、删除操作的数据库,也可以选择 InnoDB 存储引擎,因为该类存储引擎可以实现事务的提交(Commit)和回滚(Rollback)。

MyISAM 存储引擎：MyISAM 存储引擎插入数据快，内存空间使用比较少。如果表主要是用于插入记录和读出记录，那么选择 MyISAM 存储引擎处理数据的效率会比较高；如果应用的完整性、并发性要求很低，也可以选择 MyISAM 存储引擎。

MEMORY 存储引擎：MEMORY 存储引擎的所有数据都在内存中，数据的处理速度快，但安全性不高。如果需要很快的读写速度，对数据的安全性要求较低，可以选择 MEMORY 存储引擎。MEMORY 存储引擎对表的大小有要求，不能建立太大的表，所以，这类数据库只使用相对较小的数据库表。

以上选择存储引擎的建议都是根据不同存储引擎的特点提出的，这些建议方案并不是绝对的，实际应用中还需要根据实际情况进行分析。

4.4 创建、修改、删除数据表

表是数据库中用来存储数据的最基本的单位，一个数据表称之为一个关系。一个表包含若干条记录，表的操作包括创建表、修改表和删除表。

4.4.1 创建数据表

MySQL 中通过 create 语句在已经创建好的数据库中建立新表。

创建数据表的基本语法格式如下：

```
create table tb_name
(
  column_name1 datatype ［列级别约束条件］,
  column_name2 datatype ［列级别约束条件］,
  ...［表级别约束条件］
);
```

其中，tb_name 是创建的数据表名；column_name1 等是表中的列名；datatype 是表中列的数据类型。

【例 4-1】 创建表 student，SQL 语句如图 4-8 所示。

```
mysql> create table student(id int(10),
    ->                      name varchar(20),
    ->                      sex varchar(20),
    ->                      birth year(4),
    ->                      department varchar(10),
    ->                      address varchar(20)
    ->                      );
Query OK, 0 rows affected (0.11 sec)
```

图 4-8 创建表

语句执行后，就在数据库中创建了一个表 student。该表包含 6 个字段，id 字段是整型，name 字段是字符型，sex 字段是字符型，birth 字段是日期型，department 和 address

字段都是字符型数据。

4.4.2 约束

数据的完整性约束条件是对字段进行限制。如果两个或更多的表由于其存储的信息而相互关联，那么只要修改了其中一个表，与之相关的所有表都要做出相应的修改，以保证数据的正确。约束是防止数据库中存在不符合语义规定的数据和因错误信息的输入/输出造成无效操作而提出的。MySQL中的完整性约束主要有以下6种，如表4-2所示。

表4-2 完整性约束条件

约束条件	说明
primary key	主键约束，可以唯一地标识对应的元组
foreign key	外键约束，是与之联系的某表的主键
not null	标识该属性不能为空
unique	标识该属性的值是唯一的
auto_increment	标识该属性的值自动增加，这是MySQL的SQL语句的特色
default	为该属性设置默认值

1. 主键约束

表的主键是一个特殊的字段，这个字段能唯一地标识该表中的每条信息，也就是说表的一列或几列的组合的值在表中可以唯一地指定一行记录。通过它可以强制表的实体完整性。主键不允许为空值，且不同行的键值不能相同。为了有效实现数据的管理，每个表都应该有主键，且只能有一个主键。设置主键后，系统会检查该字段（或字段组合）的输入值是否符合这个约束条件，从而维护数据的完整性，减少输入错误数据的概率。

（1）单字段主键

在MySQL中，当主键由一个字段构成时，可以通过直接在该字段后面加primary key设置主键，语法格式如下：

属性名 数据类型 primary key

【例4-2】 创建表student1，并设置id字段为主键，SQL语句如图4-9所示。

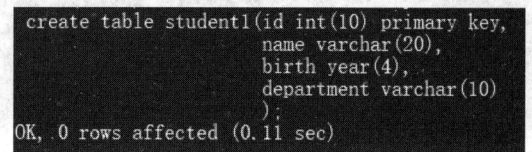

图4-9 创建表并设置主键

语句执行后，就在数据库中创建了一个表student1，其中id字段为主键。

(2) 多字段主键

在 MySQL 中,当主键由多个字段构成时,在属性定义完成之后统一设置主键。语法格式如下:

primary key(属性名 1,属性名 2,…,属性名 n)

【例 4-3】 创建表 student2,并设置 id 和 sex 两个字段为主键,SQL 语句如图 4-10 所示。

```
mysql> create table student2(id int(10),
    ->                      name varchar(20),
    ->                      birth year(4),
    ->                      sex varchar(8),
    ->                      primary key(id,sex)
    ->                      );
Query OK, 0 rows affected (0.10 sec)
```

图 4-10 创建表并设置两个字段为主键

语句执行后,就在数据库中创建了一个表 student2,其中 id 和 sex 两个字段组合成为主键,id 和 sex 两个字段的组合可以唯一确定一条记录。

2. 外键约束

外键约束是针对表之间关系的一种约束。简单来说,就是表 A 中某一个字段或者字段的组合是主键,这个字段或字段的组合也是另一个表 B 的字段,那么称表 B 中这个字段或字段组合为外键。因为表 A 和表 B 中有相同的字段,那么当表 A 中的记录发生改变时,表 B 中应该有相应的改变以保证数据的完整性,即外键约束。

MySQL 中设置外键的语法格式如下:

constraint 外键别名 foreign key(属性 1.1,属性 1.2…,属性 1.n)
　　references 表名(属性 2.1,属性 2.2,…,属性 2.n)

【例 4-4】 有数据表 student1,表结构如图 4-11 所示。将要创建 grade1 表,其中 student1 表中的 id 和 grade1 表中的 stu_id 是同一个字段,均表示学生的学号,只是字段名不同。下面创建 grade1 表的外键约束。

```
mysql> desc student1;
+------------+-------------+------+-----+---------+-------+
| Field      | Type        | Null | Key | Default | Extra |
+------------+-------------+------+-----+---------+-------+
| id         | int(10)     | NO   | PRI |         |       |
| name       | varchar(20) | YES  |     | NULL    |       |
| birth      | year(4)     | YES  |     | NULL    |       |
| department | varchar(10) | YES  |     | NULL    |       |
+------------+-------------+------+-----+---------+-------+
```

图 4-11 表结构

创建外键约束的语句如图 4-12 所示。

图 4-12 中语句执行后,将生成表 grade1,该表包含 3 个字段:stu_id、c_name、grade。

```
mysql> create table grade1(stu_id  int(10) ,
    ->                     c_name varchar(20),
    ->                     grade int(10),
    ->                     constraint g_stu foreign key(stu_id)
    ->                     references student1(id)
    ->                     );
Query OK, 0 rows affected (0.10 sec)
```

图 4-12　创建外键约束

其中，stu_id 是外键；g_stu 是外键 stu_id 的别名；student1 表是 grade1 表的父表。

3. 非空约束

非空约束是对字段值的非空性的限制。空表示未定义或未知的值，在默认情况下，所有列都接收空值。若要某列不接收空值，则可以在该列上设置 NOT NULL 约束。非空约束将保证所有记录中该字段都有值。如果用户新插入的记录中该字段为空值，则数据库系统会报错。设置非空约束的基本语法格式如下：

属性名 数据类型 not null

【例 4-5】　在 student2 表中设置 id 和 name 字段的非空约束。SQL 语句如图 4-13 所示。

```
mysql> create table student2(id int not null,
    ->                       name varchar(10) not null,
    ->                       birth year);
Query OK, 0 rows affected (0.14 sec)
```

图 4-13　设置字段的非空约束

4. 唯一性约束

唯一性约束能够指定一个或多个列的组合值具有唯一性，它将保证所有记录中该字段的值不会重复出现。唯一性约束是 SQL 完整性约束类型中除主键约束外的另一种约束类型。唯一性约束指定的列可以有 NULL 属性。主键也强制执行唯一性，但主键不允许为空值，故主键约束强度大于唯一性约束，因此主键列不能再设定唯一性约束。

唯一性约束的基本语法格式如下：

属性名 数据类型 unique

【例 4-6】　在 student3 表中设置 name 字段的唯一性约束。
SQL 语句如图 4-14 所示。

```
mysql> create table student3(id int ,
    ->                       name varchar(10) unique,
    ->                       birth year);
Query OK, 0 rows affected (0.11 sec)
```

图 4-14　设置唯一性约束

上述代码执行后,将生成表 student3,该表包含 3 个字段:id、name、birth。其中,name 字段设置了唯一性约束,可以根据 4.5 节中插入记录的内容尝试插入相同的 name 值,看系统是否报错。

5. 默认值约束

默认值约束是指设定了某个字段的默认值约束后,当插入一条新的记录时,如果没有给这个字段赋值,那么数据库系统会自动为这个字段插入默认值。设置默认值的基本语法格式如下:

属性名 数据类型 `default` 默认值

【例 4-7】 在 student4 表中设置 sex 字段的默认值约束。SQL 语句如图 4-15 所示。

```
mysql> create table student4(id int primary key,
    ->                      name varchar(10),
    ->                      sex char(4) default '男',
    ->                      birth year);
Query OK, 0 rows affected (0.14 sec)
```

图 4-15　设置默认值约束

上述语句执行后,将生成表 student4,该表包含 4 个字段:id、name、sex、birth,其中,sex 字段设置了默认值"男"。当插入记录时,如果不给字段 sex 赋值,它的默认值就是"男";如果一个班级里男生较多,录入数据时即可如此使用。

6. 自增约束

自增约束用于为表中插入的新记录自动生成唯一的 id。一个表只能有一个字段用 auto_increment 约束,且该字段必须为主键的一部分。auto_increment 约束的字段可以是任何整数类型(tinyint、smallint、int、bigint 等)。默认情况下,该字段的值是从 1 开始自增。

设置属性值字段自增约束的基本语法格式如下:

属性名 数据类型 `auto_increment`

【例 4-8】 在 student5 表中设置 id 字段的自增约束。SQL 语句如图 4-16 所示。

```
mysql> create table student5(id int primary key auto_increment,
    ->                      name varchar(10),
    ->                      birth year);
Query OK, 0 rows affected (0.10 sec)
```

图 4-16　设置自增约束

上述语句执行后,将生成表 student5,该表包含 3 个字段:id、name、birth。其中,id 字段为主键,且具有自增约束。每插入一条新的记录,id 的值会自动增加。默认情况下第一条记录的 id 值是 1,每增加一条记录,id 的值都会在前一条记录值的基础上自动加 1。

如果设置了第一条记录该字段的初值，那么新插入记录的值从初值开始增加。例如，例 4-8 中插入的第一条记录的 id 值设置为 5，那么再插入一条记录后，id 的值会自动变成 6，此后依次往上增加。

4.4.3 查看表结构

对于数据库中已经定义好的表，可以查看表结构。下面给出 MySQL 中查看表结构的不同方法。

MySQL 中，describe 语句可以用来查看表的基本定义，它可以查看包括字段名、字段数据类型、是否为主键和默认值等。describe 语句的基本语法格式如下：

```
describe 表名;
```

【例 4-9】 用 describe 语句查看 student1 表的定义，SQL 语句如图 4-17 所示。

```
mysql> describe student1;
| Field      | Type        | Null | Key | Default | Extra |
| id         | int(10)     | NO   | PRI |         |       |
| name       | varchar(20) | YES  |     | NULL    |       |
| birth      | year(4)     | YES  |     | NULL    |       |
| department | varchar(10) | YES  |     | NULL    |       |
```

图 4-17 查看表的定义

语句运行后，通过 describe 语句可以查看表 student1 的 id、name、birth、department 字段，同时，结果中显示了字段的数据类型（Type）、是否为空（Null）、是否为主键（Key）、默认值（Default）和额外信息（Extra）。

describe 可以缩写为 desc，如例 4-10 所示。

【例 4-10】 用 desc 查看 student1 表的结构，SQL 语句如图 4-18 所示。

```
mysql> desc student1;
| Field      | Type        | Null | Key | Default | Extra |
| id         | int(10)     | NO   | PRI |         |       |
| name       | varchar(20) | YES  |     | NULL    |       |
| birth      | year(4)     | YES  |     | NULL    |       |
| department | varchar(10) | YES  |     | NULL    |       |
```

图 4-18 查看表的结构

可以看到，使用 desc 语句运行后的结果与 describe 语句运行后的结果一致。

4.4.4 修改数据表

修改数据表是指修改数据库中已经定义好的表结构。MySQL 中使用 alter table 语句修改数据表。修改数据表不需要重新加载数据,也不会影响正在进行的服务。下面给出了 MySQL 中可进行修改的基本语句,后面将具体举例进行详解。

```
alter table tb_name
rename [as] new_tb_name                                      //修改表名
add [column] create_definition [first|after col_name]        //添加新字段
add index [index_name] (index_col_name,...)                  //添加索引名称
add primary key (index_col_name,...)                         //添加主键名称
add unique [index_name] (index_col_name,...)                 //添加唯一索引
alter [column] col_name {set default literal|drop default}   //修改默认值
change [column] old_col_name create_definition               //修改字段名和类型
modify [column] create_definition                            //修改字段类型
drop [column] col_name                                       //删除字段名称
drop primary key                                             //删除主键名称
drop index index_name                                        //删除索引名称
table_options
```

1. 修改表名

同一个数据库中允许存在很多的表,但每个表的名称在这个数据库中应该是唯一的。修改表名的基本语法格式如下:

alter table 旧表名 rename [to] 新表名;

其中,参数"旧表名"表示修改前的表名;参数"新表名"表示修改后的新表名;参数 to 是可选参数,其在语句中是否出现不会影响语句的执行。

【例 4-11】 将 student3 表改名为 stu 表,SQL 语句如图 4-19 所示。

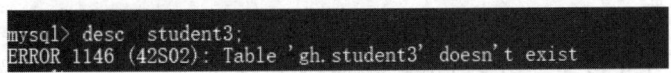

图 4-19 修改表名

执行完语句之后,用 desc 语句查看 student3 表,如图 4-20 所示。

```
mysql> desc  student3;
ERROR 1146 (42S02): Table 'gh.student3' doesn't exist
```

图 4-20 用 desc 语句查看表

查询结果显示,表 student3 已经不存在了,查询 stu 表的结构如图 4-21 所示。

```
mysql> desc  stu;
+-------+-------------+------+-----+---------+-------+
| Field | Type        | Null | Key | Default | Extra |
+-------+-------------+------+-----+---------+-------+
| id    | int(11)     | YES  |     | NULL    |       |
| name  | varchar(10) | YES  | UNI | NULL    |       |
| birth | year(4)     | YES  |     | NULL    |       |
+-------+-------------+------+-----+---------+-------+
```

图 4-21 查询表

查询显示,表 stu 存在,而且它的结构和表 student3 一样。由此可以确定,通过 alter table 语句已经将 student3 表改名为 stu。

2. 修改字段名和数据类型

字段名可以在一张表中唯一地确定一列数据。如果表中的字段名需要修改时,可以通过 alter table 语句进行修改,基本的语法格式如下:

alter table 表名 change 旧属性名 新属性名 新数据类型;

【例 4-12】将 student 表中的 id 字段改名为 stu_id,SQL 语句如图 4-22 所示。

```
mysql> alter table student change id stu_id varchar(20);
Query OK, 6 rows affected (0.21 sec)
Records: 6  Duplicates: 0  Warnings: 0
```

图 4-22 修改字段名

语句执行后,student 表中的 id 字段已经被 stu_id 字段所代替。用 desc 语句查看 student 表的结构,结果如图 4-23 所示。

```
mysql> desc student;
Field       | Type        | Null | Key | Default | Extra
stu_id      | varchar(20) | YES  |     | NULL    |
name        | varchar(20) | YES  |     | NULL    |
sex         | varchar(10) | YES  |     | NULL    |
birth       | year(4)     | YES  |     | NULL    |
department  | varchar(10) | YES  |     | NULL    |
address     | varchar(20) | YES  |     | NULL    |
```

图 4-23 查看表结构

例 4-12 中只是修改了字段的名称,并没有改变该字段的数据类型,也可以在改变字段名称的同时修改字段的数据类型。当然,也可以不修改字段名称,只修改字段类型,请读者自己尝试一下。

3. 增加字段

在 MySQL 中可以通过 alter table 语句在数据库表创建之后增加新的字段。基本语法格式如下:

alter table 表名 add 属性名 1 数据类型 [完整性约束条件][first|after 属性名 2];

其中,"属性名 1"指需要增加的字段的名称;"数据类型"指新增加字段的数据类型;"完整性约束条件"是可选参数,用来设置新增字段的完整性约束条件;first 是可选项,其作用是将新增字段设置为表的第一个字段;"after 属性名 2"也是可选项,作用是将新增字段添加到"属性名 2"所指的字段后。因为是可选项,当没有 after、first 出现时,新增加的字段默认出现在表的最后一个字段中。

【例 4-13】 在 student 表的第一个位置中增加一个字段 num，数据类型为 int(10)，SQL 语句如图 4-24 所示。

```
mysql> alter table student add num int(10) first;
Query OK, 0 rows affected (0.15 sec)
Records: 0  Duplicates: 0  Warnings: 0
```

图 4-24 增加字段

增加了字段后的 student 表的结构，如图 4-25 所示。

```
mysql> desc student;
+------------+-------------+------+-----+---------+-------+
| Field      | Type        | Null | Key | Default | Extra |
+------------+-------------+------+-----+---------+-------+
| num        | int(10)     | YES  |     | NULL    |       |
| id         | char(10)    | YES  |     | NULL    |       |
| name       | varchar(20) | YES  |     | NULL    |       |
| sex        | varchar(20) | YES  |     | NULL    |       |
| birth      | year(4)     | YES  |     | NULL    |       |
| department | varchar(10) | YES  |     | NULL    |       |
| address    | varchar(20) | YES  |     | NULL    |       |
+------------+-------------+------+-----+---------+-------+
```

图 4-25 增加字段后的表结构

可以看到，新增的 num 字段是 int(10) 类型，且位于第一的位置。

4. 删除字段

在表创建完成之后，如果发现某个字段不再需要，可以将其删除。当然也可以将整张表删除，然后再重新创建一张表，但是这样做所有的数据都需要重新建立，比较麻烦。在 MySQL 中，可以通过 alter table 语句删除表中的字段。基本语法格式如下：

`alter table 表名 drop 属性名;`

【例 4-14】 将 student 表中的 num 字段删除，SQL 语句如图 4-26 所示。

```
mysql> alter table student drop num;
Query OK, 0 rows affected (0.16 sec)
Records: 0  Duplicates: 0  Warnings: 0
```

图 4-26 删除字段

删除了字段后的 student 表的结构，如图 4-27 所示。

```
mysql> desc student;
+------------+-------------+------+-----+---------+-------+
| Field      | Type        | Null | Key | Default | Extra |
+------------+-------------+------+-----+---------+-------+
| id         | char(10)    | YES  |     | NULL    |       |
| name       | varchar(20) | YES  |     | NULL    |       |
| sex        | varchar(20) | YES  |     | NULL    |       |
| birth      | year(4)     | YES  |     | NULL    |       |
| department | varchar(10) | YES  |     | NULL    |       |
| address    | varchar(20) | YES  |     | NULL    |       |
+------------+-------------+------+-----+---------+-------+
```

图 4-27 删除了字段后的表结构

可以看到,student 表中的 num 字段已经被删除了。

4.4.5 删除数据表

删除数据表是指删除数据库中已经存在的表。删除数据表时,会同时删除表结构以及数据表中的所有数据,因此,在删除数据表时要特别注意。在 MySQL 中通过 drop table 语句删除数据表,其基本的语法格式如下:

```
drop table tb_name;
```

【例 4-15】 删除 student 表,SQL 语句如图 4-28 所示。

```
mysql> drop table student;
Query OK, 0 rows affected (0.01 sec)
```

图 4-28　删除表

删除数据表时,需要先通过 use 指定数据库,因为不同的数据库中可以存放相同名称的数据表。

4.5　插入、更新、删除数据

数据库表建立之后,数据库中其实只有数据表的表结构,没有任何的数据,需要往数据表中插入大量的数据记录,这也是数据库存在的意义,即它是用来存储数据的。下面说明如何在 MySQL 中插入、更新、删除数据。

4.5.1　插入数据

在 MySQL 中可以通过 insert 语句插入数据,有两种不同的方式可以为表的字段插入数据,第一种是不指定具体的字段名;第二种是给出要插入记录的字段名。

1. 插入数据时不指定具体的字段名

在 MySQL 中可以通过不指定字段名的方式为表插入记录,其基本语法格式如下:

```
insert into 表名 values(值 1,值 2,…,值 n);
```

【例 4-16】 向 student2 表中插入新的记录(2019001,'张晓',2000)。

首先通过 desc 语句查看 student2 表的结构,然后插入记录,注意属性的数据类型,如图 4-29 和图 4-30 所示。

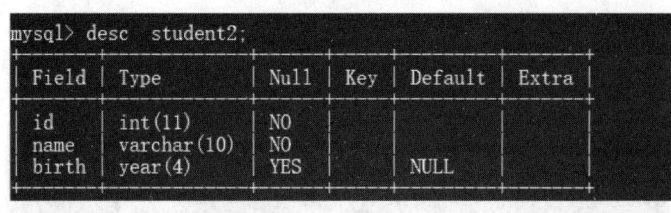

```
mysql> desc  student2;
+-------+-------------+------+-----+---------+-------+
| Field | Type        | Null | Key | Default | Extra |
+-------+-------------+------+-----+---------+-------+
| id    | int(11)     | NO   |     |         |       |
| name  | varchar(10) | NO   |     |         |       |
| birth | year(4)     | YES  |     | NULL    |       |
+-------+-------------+------+-----+---------+-------+
```

图 4-29 向表中插入新记录

```
mysql> insert into student2 values(2019001,'张晓',2000);
Query OK, 1 row affected (0.00 sec)
```

图 4-30 插入的记录

2. 插入数据时指定具体的字段名

在 MySQL 中可以列出所有的字段名为表插入记录,其基本语法格式如下:

insert into 表名(属性 1,属性 2,…,属性 n)
values(值 1,值 2,…,值 n);

【例 4-17】 向 student2 表中插入记录(2019001,'张晓',2000),SQL 语句如图 4-31 所示。

```
mysql> insert into student2(id,name,birth)
    ->         values(2019001,'张晓',2000);
Query OK, 1 row affected (0.00 sec)
```

图 4-31 向表中插入指定记录

3. 为表的指定字段插入记录

在 MySQL 中也可以只给部分字段插入记录,其基本语法格式如下:

insert into 表名(属性 1,属性 2,…,属性 n)
values(值 1,值 2,…,值 n);

【例 4-18】 向 student2 表中插入记录(2019001,'张晓'),SQL 语句如图 4-32 所示。

```
mysql> insert into student2(id,name)
    ->         values(2019001,'张晓');
Query OK, 1 row affected (0.20 sec)
```

图 4-32 为表的指定字段插入记录

4. 同时插入多条记录

在 MySQL 中可以用一个 insert 语句同时插入多条记录,其基本语法格式如下:

insert into 表名[(属性列表)]

values(取值列表 1),(取值列表 2)…,(取值列表 n);

【例 4-19】 向 student2 表中插入 3 条新的记录,SQL 语句如图 4-33 所示。

```
mysql> insert into student2 values
    -> (201902,'王萌',1999),
    -> (201903,'张丽',2000),
    -> (201904,'陈云',2000);
Query OK, 3 rows affected (0.04 sec)
Records: 3  Duplicates: 0  Warnings: 0
```

图 4-33 同时插入多条记录

5. 将查询结果插入表中

当两个表中有相同的字段个数和字段类型时,可以将一个表中数据的查询结果作为新的数据,使用 insert 语句插入另一个表中。其基本语法格式如下:

```
insert into 表名 1(属性列表 1)
    select 属性列表 2 from 表名 2
    where 条件表达式
```

【例 4-20】 将 student5 表中的所有数据插入 student2 表中。

首先使用 desc 查看两个表的表结构,可以看到两个表的字段个数和类型是相同的,如图 4-34 所示。

```
mysql> desc student2;
+-------+-------------+------+-----+---------+-------+
| Field | Type        | Null | Key | Default | Extra |
+-------+-------------+------+-----+---------+-------+
| id    | int(11)     | NO   |     |         |       |
| name  | varchar(10) | NO   |     |         |       |
| birth | year(4)     | YES  |     | NULL    |       |
+-------+-------------+------+-----+---------+-------+

mysql> desc student5;
+-------+-------------+------+-----+---------+----------------+
| Field | Type        | Null | Key | Default | Extra          |
+-------+-------------+------+-----+---------+----------------+
| id    | int(11)     | NO   | PRI | NULL    | auto_increment |
| name  | varchar(10) | YES  |     | NULL    |                |
| birth | year(4)     | YES  |     | NULL    |                |
+-------+-------------+------+-----+---------+----------------+
```

图 4-34 将查询结果插入表中

然后将 student5 表中的数据插入 student2 表中,如图 4-35 所示。

```
mysql> insert into student2(id,name,birth)
    ->     select id,name,birth from student5;
Query OK, 3 rows affected (0.06 sec)
Records: 3  Duplicates: 0  Warnings: 0
```

图 4-35 将一个表的数据插入另一个表中

语句执行后，student5 表中的所有数据就会被插入 student2 表的对应字段中了。

4.5.2　修改数据

当数据库表中的数据发生改变时，需要对数据进行修改。例如，学生的家庭住址或者联系方式发生改变，就需要修改数据库表中的对应数据，修改数据也是修改表中已存在的记录。在 MySQL 中，通过 update 语句更新数据。

使用 update 语句更新数据的基本语法格式如下：

```
update 表名
set 属性名 1= 值 1,
    属性名 2= 值 2,
    …
    属性名 n= 值 n
where 条件表达式;
```

【例 4-21】 更新 student2 表中 id 为 201901 的同学的记录，将 birth 值改为“2000”，MySQL 语句如图 4-36 所示。

```
mysql> update student2  set birth=2000
    -> where id=201901;
Query OK, 0 rows affected (0.11 sec)
Rows matched: 0  Changed: 0  Warnings: 0
```

图 4-36　更新记录

4.5.3　删除数据

当数据库表中某些数据不再需要使用时，需要将其删除。在 MySQL 中，通过 delete 语句删除数据。其具体的语法格式如下：

```
delete from 表名 [where 条件表达式];
```

【例 4-22】 删除 student2 表中 id 值为 201901 的记录，MySQL 语句如图 4-37 所示。

```
mysql> delete from student2
    ->        where id=201901;
Query OK, 0 rows affected (0.06 sec)
```

图 4-37　删除数据

4.6 小　　结

本章介绍了如何创建数据库,删除数据库,存储引擎的应用,如何创建、修改或删除数据表,数据的完整性约束应用,以及如何向数据库表中插入、更新或删除数据。通过本章的学习,读者就可以将现实世界的数据放入数据库中进行存储了。其中完整性约束和存储引擎是本章的难点,创建表、插入数据、更新数据是本章的重点。本章的内容需要读者通过实践进行练习,练习中要注意查看表结构和数据的变化,以便加深理解和记忆。

4.7 习　　题

1. 上机实践

登录数据库系统以后,创建 student 数据库和 teacher 数据库。两个数据库都创建成功后,删除 teacher 数据库,然后查看数据库系统中还存在哪些数据库。主要实现过程如下。

(1) 登录数据库。

(2) 查看数据库系统中已存在的数据库,语句如下:

```
show databases;
```

(3) 查看该数据库系统支持的存储引擎的类型,语句如下:

```
show engines;
```

(4) 创建 student 数据库和 teacher 数据库。

```
create database student;
create database teacher;
```

(5) 再次查看数据库系统中已经存在的数据库,确保 student 和 teacher 数据库已经存在。

```
show databases;
```

(6) 删除 teacher 数据库,语句如下:

```
drop database teacher;
```

(7) 再次查看数据库系统中已经存在的数据库,确保 teacher 数据库已经删除。

2. 创建数据库和表

(1) 创建数据库 stu。

(2) 在 stu 数据库中创建 student 表,表结构如表 4-3 所示。

表 4-3 student 表结构

字段名	字段描述	数据类型	主键	外键	非空	唯一	自增
stu_id	学号	int(10)	是	否	是	是	否
name	姓名	varchar(10)	否	否	是	否	否
sex	性别	varchar(4)	否	否	是	否	否
birth	出生年份	year(4)	否	否	是	否	否
department	系别	varchar(10)	否	否	是	否	否

(3) 在 stu 数据库中创建 grade 表,表结构如表 4-4 所示。

表 4-4 grade 表结构

字段名	字段描述	数据类型	主键	外键	非空	唯一	自增
stu_id	学号	int(10)	是	否	是	是	是
c_name	课程名称	varchar(10)	否	否	是	否	否
grade	分数	int(10)	否	否	是	否	否

(4) 在 stu 数据库中创建 course 表,表结构如表 4-5 所示。

表 4-5 course 表结构

字段名	字段描述	数据类型	主键	外键	非空	唯一	自增
cs_id	课程号	varchar(10)	是	否	是	是	是
cs_nm	课程名称	varchar(10)	否	否	是	否	否
cs_tm	课时	int(10)	否	否	是	否	否
cs_sc	学分	int(10)	否	否	是	否	否
teacher	教师	varchar(20)	否	否	是	否	否

3. 修改表

(1) 将 student 表中的 stu_id 字段修改为 id。
(2) 在 student 表的 department 字段后增加一个新的字段 address(家庭地址,varchar(20))。
(3) 将 course 表中 cs_id 字段的数据类型改为 int(10)。
(4) 将 course 表中的 teacher 字段删除。

4. 插入、更新、删除记录

(1) 将表 4-6 中的记录插入 student 表中。
(2) 将表 4-7 中的记录插入 grade 表中。
(3) 将表 4-8 中的记录插入 course 表中。
(4) 将张勇的系别改为电子系。

(5) 将学分为 2 的科目的学分改为 3。
(6) 将所有学科的学分都改为 4。
(7) 将学号为 "20190202" 的同学的所有成绩记录都删除。
(8) 删除表 grade。
(9) 删除数据库 stu。

表 4-6　student 表

学号	姓名	性别	出生年份	系别	地址
20190201	张勇	男	1998	计算机系	四川省成都市
20190301	张涛	男	1997	电子系	四川省德阳市
20190401	张小天	女	1999	汽车系	四川省绵阳市
20190402	陈丽	女	1999	汽车系	四川省绵阳市
20190502	李欣	男	2000	计算机系	四川省巴中市
20190203	张雯雯	女	2000	计算机系	四川省达州市

表 4-7　grade 表

学号	科目名称	成绩
20190201	计算机	98
20190201	英语	80
20190301	计算机	65
20190301	中文	88
20190401	中文	95
20190402	计算机	59
20190402	英语	92
20190202	英语	76
20190202	职业规划	66
20190202	计算机	null

表 4-8　course 表

课程号	科目名称	课时	学分
1001	中文	78	3
1002	英语	80	4
1003	计算机	80	4
1004	职业规划	66	2

第5章 查 询 数 据

查询数据是指从数据库中提取满足条件的记录。查询数据是数据库操作中最常用、最重要的操作,通过 select 语句实现,不仅可以实现简单的单表查询,也可以完成复杂的、多表的连接查询和嵌套查询。

本章主要内容如下:
- 单表查询。
- 聚合函数。
- 多表连接查询。
- 子查询。

【相关单词】

(1) select:选择   (2) group:组
(3) distinct:不同种类的   (4) order:序列
(5) limit:限度,限制   (6) join:连接
(7) desc:降序   (8) department:部门

5.1 单 表 查 询

查询是针对表中存储的数据进行"筛选",把符合条件的行和列组织起来,形成一个类似表的结构,也就是查询的结果。因此,查询并不会改变数据库中的数据,它只是搜索符合要求的数据。查询使用 select 语句,语法格式如下:

```
select[all|distinct]属性列表
from 表名或视图列表
[where 条件表达式]
[group by 属性名][having 条件表达式]
[order by 属性名][asc|desc]
[limit [<offset> ,] <row count> ]
```

其中,select…from 语句是一个查询语句必须包含的部分,其他[ ]为可选项。
(1) select:用于显示查询返回的列。
(2) from:用于指定引用的列所在的表或视图。

(3) where：用于指定限制返回的行的搜索条件。
(4) group by：用于对查询数据进行分组。
(5) having：用于对分组或聚合后的数据进行条件限定。
(6) order by：用于对查询结果进行排序，asc 表示升序，desc 表示降序。
(7) limit：用于限制该子句显示查询出来的数据数量。

5.1.1 查询表中所有的数据

【例 5-1】 查询所有学生的学号、姓名、性别、出生年及系别等信息。

```
select id,name,sex,birth,department from student;
```

以上 SQL 语句执行后的效果如图 5-1 所示。

id	name	sex	birth	department
20190201	张勇	男	1998	计算机系
20190301	李涛	男	1997	电子系
20190401	张小天	女	1999	汽车系
20190402	陈丽	女	1999	汽车系
20190202	李欣	男	2000	计算机系
20190203	张雯雯	女	2000	计算机系

图 5-1 查询所有学生的信息之一

提示：可以用"*"代表所有的数据。

【例 5-2】 查询所有学生的信息。

```
select * from student;
```

以上 SQL 语句执行后的效果如图 5-2 所示。

id	name	sex	birth	department	address
20190201	张勇	男	1998	计算机系	四川省成都市
20190301	李涛	男	1997	电子系	四川省德阳市
20190401	张小天	女	1999	汽车系	四川省绵阳市
20190402	陈丽	女	1999	汽车系	四川省绵中市
20190202	李欣	男	2000	计算机系	四川省巴中市
20190203	张雯雯	女	2000	计算机系	四川省达州市

图 5-2 查询所有学生的信息之二

5.1.2 查询指定字段

【例 5-3】 查询学生的学号、姓名和出生年份。

```
select id,name,birth from student;
```

以上 SQL 语句执行后的效果如图 5-3 所示。

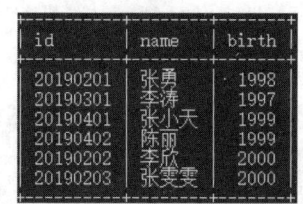

图 5-3　查询学生的学号、姓名和出生年份

5.1.3　查询指定记录

用户可以在数据库表中按照自己的要求搜索数据。通过 where 子句限定查询条件，查找出符合要求的数据。

【例 5-4】　查询计算机系学生的信息。

```
select * from student where department='计算机系';
```

以上 SQL 语句执行后的效果如图 5-4 所示。

图 5-4　查询计算机系学生的信息

where 子句常用的查询条件有很多种，如表 5-1 所示。

表 5-1　查询条件

查询条件	符号或关键字
比较	=、<、<=、>、>=、!=、<>、!>、!<
指定范围	between and、not between and
指定集合	in、not in
匹配字符	like、not like
是否为空值	is null、is not null
多个查询条件	and、or

1. 带 and 和 or 的多条件查询

and 关键字可以用来连接多个条件，实现多条件查询，即当这几个条件同时成立时查询出符合条件的记录。基本语法格式如下：

条件表达式 1 and 条件表达式 2［...and 条件表达式 n］

【例 5-5】　查询 student 表中计算机系男生的信息。

```
select * from student where department='计算机系' and sex='男';
```

以上SQL语句执行后的效果如图5-5所示。

图5-5 带and和or的多条件查询

or关键字也可以用来连接多个条件,实现多条件查询。但与and不同,它表示只要满足这几个条件中的一个,记录就会被查询出来。基本语法格式如下:

条件表达式1 or 条件表达式2 [...or 条件表达式 n]

【例5-6】 查询计算机系和汽车系学生的信息。

```
select * from student where department='计算机系 or department='汽车系';
```

以上SQL语句执行后的效果如图5-6所示。

图5-6 查询计算机系和汽车系学生的信息

思考:有大于2个的条件时,查询语句如何表示?and和or并列出现,有没有运算的优先级?先执行and还是or?

2. 带between...and 的范围查询

between...and关键字可以判断某个字段的值是否在指定的范围内。

【例5-7】 查询成绩在70~90分的学生的学号。

```
select stu_id from grade where grade between 70 and 90;
```

以上SQL语句执行后的效果如图5-7所示。

思考:between 20 and 70是否包含20和70?是否相当于gprice>=20 and gprice<=70。

图5-7 查询成绩在70~90分的学生的学号

3. 带in关键字的查询

in关键字可以判断某个字段的值是否在指定的集合中。

【例5-8】 查询计算机系和汽车系学生的信息。

```
select * from student where department in('计算机系','汽车系');
```

以上 SQL 语句执行后的效果如图 5-8 所示。

```
| id       | name  | sex | birth | department | address    |
| 20190201 | 张勇  | 男  | 1998  | 计算机系   | 四川省成都市 |
| 20190401 | 张小天| 女  | 1999  | 汽车系     | 四川省绵阳市 |
| 20190402 | 陈丽  | 女  | 1999  | 汽车系     | 四川省绵阳市 |
| 20190202 | 李欣  | 男  | 2000  | 计算机系   | 四川省巴中市 |
| 20190203 | 张雯雯| 女  | 2000  | 计算机系   | 四川省达州市 |
```

图 5-8　带 in 关键字的查询

【例 5-9】 查询不是计算机系和汽车系学生的信息。

select * from student where department not in('计算机系','汽车系');

以上 SQL 语句执行后的效果如图 5-9 所示。

```
| id       | name | sex | birth | department | address    |
| 20190301 | 李涛 | 男  | 1997  | 电子系     | 四川省德阳市 |
```

图 5-9　查询不是计算机系和汽车系学生的信息

4. 带 like 关键字的模糊匹配查询

like 关键字可以进行模糊匹配查询，一般用来匹配字符串。语法格式如下：

[not]like '字符串'

其中，not 是可选参数，有 not 时表示与指定的字符串不匹配时满足条件；'字符串'表示指定用来匹配的字符串，该字符串必须加单引号或者双引号。参数"字符串"的值可以是一个完整的字符串，也可以是包含百分号(%)或者下画线(_)的通配字符。

(1) "%"代表任意长度的字符串，长度可以为 0。

(2) "_"代表一个长度的字符。

【例 5-10】 查询 student 表中姓张的学生的信息。

select * from student where name like "张%";

以上 SQL 语句执行后的效果如图 5-10 所示。

```
| id       | name  | sex | birth | department | address    |
| 20190201 | 张勇  | 男  | 1998  | 计算机系   | 四川省成都市 |
| 20190401 | 张小天| 女  | 1999  | 汽车系     | 四川省绵阳市 |
| 20190203 | 张雯雯| 女  | 2000  | 计算机系   | 四川省达州市 |
```

图 5-10　查询 student 表中姓张的学生的信息

【例 5-11】 查询 student 表中姓张且名字是单字的学生的信息。

select * from student where name like "张_";

以上 SQL 语句执行后的效果如图 5-11 所示。

```
| id       | name | sex | birth | department | address    |
| 20190201 | 张勇 | 男  | 1998  | 计算机系   | 四川省成都市 |
```

图 5-11　查询 student 表中姓张且名字是单字的学生的信息

【例 5-12】　查询 student 中计算机系学生的信息。

select * from student where department like "计算机系";

以上 SQL 语句执行后的效果如图 5-12 所示。

```
| id       | name  | sex | birth | department | address    |
| 20190201 | 张勇  | 男  | 1998  | 计算机系   | 四川省成都市 |
| 20190202 | 李欣  | 男  | 2000  | 计算机系   | 四川省巴中市 |
| 20190203 | 张雯雯| 女  | 2000  | 计算机系   | 四川省达州市 |
```

图 5-12　查询 student 中计算机系学生的信息

此时 like 与"＝"含义相同，可以用"＝"替换 like。

5. 查询空值

is null 关键字可以用来判断字段的值是否为空值(null)。

【例 5-13】　查询 grade 表中成绩为空值的学生的信息。

select * from grade where grade is null;

以上 SQL 语句执行后的效果如图 5-13 所示。

图 5-13　查询 grade 表中成绩为空值的学生的信息

6. 用 distinct 删除重复行

使用 distinct 关键字可以删除查询记录中相同的重复行。比如要查询系别，语句格式如下：

select department from student;

查询结果如图 5-14 所示，有重复行。

【例 5-14】　删除重复的系别。

select distinct department from student;

以上 SQL 语句执行后的效果如图 5-15 所示。

图 5-14　查询结果中有重复行

图 5-15　删除重复的系别

7. 别名

可以为某些查询结果重新命名一个字段名,也就是别名,用 as 关键字实现。

【例 5-15】 查询 student 表中学生的姓名、性别、出生年份。

```
select name as 姓名,sex as 性别,birth as 出生年份 from student;
```

以上 SQL 语句执行后的效果如图 5-16 所示。

图 5-16 查询 student 表中学生的姓名、性别、出生年份

5.1.4 对查询结果排序

select 子句的查询结果是通过行列的条件限制从表中筛选出来的一部分数据。如果想让这些数据按照某种顺序显示出来,可以使用 order by 关键字进行排序。order by 关键字可以实现升序或者降序排序,基本语法格式如下:

```
order by 属性名 [asc|desc]
```

其中,参数"属性名"表示按照该字段进行排序;参数 asc 表示按照升序排序;参数 desc 表示按照降序排序。asc 和 desc 是可选项,默认是升序排序。

【例 5-16】 按照出生年份对 student 表中的数据进行排序。

```
select * from student order by birth;
```

以上 SQL 语句执行后的效果如图 5-17 所示。

图 5-17 按照出生年份对 student 表中的数据进行排序

【例 5-17】 按照成绩的降序对 grade 表中的数据进行排序。

```
select * from grade order by grade desc;
```

以上 SQL 语句执行后的效果如图 5-18 所示。

多重排序是指按照多个字段进行排序，order by 子句后列举排序的多个字段，中间用逗号分隔。

【例 5-18】按照总成绩从大到小进行排序。总成绩一样的，参看平时成绩，平时成绩高的排在前面。

```
select * from grade order by sum_grade,e_grade desc;
```

其中，sum_grade 为总成绩字段；e_grade 为平时成绩字段。

图 5-18 按照成绩的降序对 score 表中的数据进行排序

排序遵循以下规则。

（1）如果排序的列中有空值（null），则空值最小。
（2）中英文字符按照 ASCII 码大小进行比较。
（3）数值型数据根据其数值大小进行比较。
（4）日期型数据按年、月、日的数值大小进行比较。
（5）逻辑型数据 false 小于 true。

思考：例 5-18 中按照总成绩升序排，成绩一样的参照英语成绩降序排列，可否实现？试一试。

5.1.5 分组查询

group by 关键字可以将查询结果按某个字段或多个字段进行分组，字段中值相等的为一组。基本语法格式如下：

group by 属性名[having 条件表达式][with rollup]

其中，"属性名"是指按照该字段不同的值进行分组。"having 条件表达式"的作用可以类比 where 子句，当分组后的查询结果满足 having 条件表达式时，结果才被显示。with rollup 关键字将会在所有记录的最后加上一条记录，该记录是上面所有记录的总和。

1. 使用 group by 关键字分组

【例 5-19】按照性别对 student 表中的记录进行分组。

```
select * from student group by sex;
```

以上 SQL 语句执行后的效果如图 5-19 所示。

图 5-19 按照性别对 student 表中的记录进行分组

可以看到,只使用 group by 关键字时,查询结果只显示了两条记录,分别是每个分组的第一条记录,这个查询其实没有什么意义。

2. 与 group_count() 函数一起使用

group by 关键字可以和 group_count() 函数一起使用,将每个分组中的所有字段都显示出来。

【例 5-20】 例 5-19 中按照性别对学生记录进行分组,使用 group_count() 函数将每个分组的 name 字段的值显示出来。语句格式如下:

select sex, group_count(name) from student group by sex;

3. 与集合函数一起使用

group by 关键字可以与集合函数一起使用,可以通过集合函数计算分组后每个分组中数据的个数、最大值、最小值等。

【例 5-21】 在例 5-19 中按照性别对数据进行分组。下面使用 count() 集合函数计算每个组的人数。语句格式如下:

select sex,count(sex) from student group by sex;

以上 SQL 语句执行后的效果如图 5-20 所示。

提示:集合函数包括 count()、sum()、avg()、max()、min(),具体用法请参看本章 5.1.7 小节。group by 经常与集合函数一起实现统计功能。

4. 与 having 一起使用

使用 group by 关键字分组以后,可以使用 having 关键字筛选各个分组数据,符合条件的分组数据才会被显示出来。

【例 5-22】 按照性别对 student 表中的记录进行分组,显示每个组中记录数大于或等于 2 的分组。语句格式如下:

select sex,count(sex) from student group by sex having count(sex)<2;

以上 SQL 语句执行后的效果如图 5-21 所示。

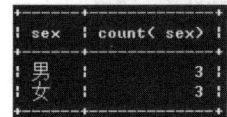

图 5-20 使用 count() 集合函数
　　　　计算每个组的人数

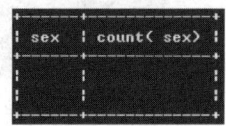

图 5-21 按照性别对 student 表中
　　　　的记录进行分组之一

5. 与 with rollup 一起使用

使用 group by 关键字分组后,加上 with rollup 关键字,将会在所有记录的最后加上一条记录,这条记录是上面所有记录的总和。

【例 5-23】 按照性别对 student 表中的记录进行分组。

select count(*) from student group by sex with rollup;

以上 SQL 语句执行后的效果如图 5-22 所示。

图 5-22 按照性别对 student 表中的记录进行分组之二

5.1.6 使用 limit 限制查询结果的条数

使用 select 进行数据的查询时,可以查询出符合条件的所有记录。当只需要其中很少一部分时,可以采用 limit 关键字限制查询结果的数量。limit 关键字可以用来指定查询结果从第几条记录开始显示,还可以指定一共显示多少条记录。limit 关键字有两种使用方式,语法及使用说明如下。

1. 不指定初始位置

limit 关键字可以不指定初始位置,默认查询结果从第一条记录开始显示,基本语法格式如下:

limit n;

其中,n 表示从第一条记录开始显示下面的 n 条记录。

【例 5-24】 查询学生表中前三名学生的信息。

select * from student limit 3;

以上 SQL 语句执行后的效果如图 5-23 所示。

图 5-23 查询学生表中前三名学生的信息(不指定初始位置)

查询结果中只有前三个学生的信息,说明 limit 3 限制了查询结果的显示记录数量。

思考:如果要查询计算机成绩最好的三个人的学号,用 limit 关键字可以实现吗?

2. 指定初始位置

limit 关键字可以指定初始位置,以及从初始位置开始显示多少条记录。其基本语法格式如下：

limit *n*,*m*

其中，*n* 表示初始位置，即从哪条记录开始显示；*m* 表示要显示的记录的数量。*n* 的取值从 0 开始，0 表示从第一条记录开始显示，1 表示从第 2 条记录开始显示。

【例 5-25】 查询学生表中前三名学生的信息。

select * from student limit 0,3;

以上 SQL 语句执行后的效果如图 5-24 所示。

图 5-24 查询学生表中前三名学生的信息(指定初始位置)

【例 5-26】 查询学生表中从第 2 条记录开始的三名学生的信息。

select * from student limit 1,3;

以上 SQL 语句执行后的效果如图 5-25 所示。

图 5-25 查询学生表中从第 2 条记录开始的三名学生的信息

5.1.7 聚合函数

在使用 Excel 进行数据计算时，有以下 5 个常用函数：求和、平均值、计数、最大值、最小值。在 MySQL 中也有一些常用的函数可以对一组值进行计算，返回单个值，我们称之为聚合函数。

【例 5-27】 查询学生的人数。

select count(*) as 人数 from student;

以上 SQL 语句执行后的效果如图 5-26 所示。

【例 5-28】 查询学生成绩的个数。

select count(*) from grade;

图 5-26 查询学生的人数

以上 SQL 语句执行后的效果如图 5-27 所示。

思考：由例 5-28 可知，count( )函数不忽略空值，其他的聚合函数是否忽略空值？

count()函数有两种使用形式。

(1) count(*)：计算表中行的总数，即使表中行的数据为 null 也被计入其中。

(2) count(column)：计算 column 列包含的行的数目。

【例 5-29】 查询学生计算机课程的平均成绩。

select avg(grade) as 计算机平均分 from grade where c_name='计算机';

以上 SQL 语句执行后的效果如图 5-28 所示。

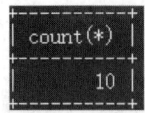 

图 5-27　查询学生成绩的个数　　　图 5-28　查询学生计算机课程的平均成绩

其他聚合函数的使用方法是类似的，部分常用聚合函数及说明如表 5-2 所示。

表 5-2　部分常用聚合函数及说明

函数名称	说　　明
sum()	选取结果集中所有值的总和
count()	选取结果集中所有记录行的数目
max()	选取结果集中所有值的最大值
min()	选取结果集中所有值的最小值
avg()	选取结果集中所有值的平均值

5.2　连 接 查 询

在进行数据库设计时，要求每个表尽量简单，并存放不同的数据，最大限度地减少数据冗余。而在实际查询过程中，往往需要从两个以上的表中选取数据，生成临时的查询结果，这就需要通过不同表中存在的意义相同的字段来建立多表连接查询。连接查询分为内连接、外连接等。

5.2.1　内连接查询

内连接查询是最典型、最常用的一种连接查询。当两个表中有相同意义的字段时，就可以通过该字段连接两个表。内连接通常使用比较运算符"="来判断两个表的列数据是否相同。内连接可以查询两个及两个以上的表。

思考：两个表的主键和外键的关系如何？

【例 5-30】 查询学生的姓名、系别、科目名称和成绩。

select name,department,c_name,grade from student,grade where student.id=

```
grade.stu_id;
```

以上 SQL 语句执行后的效果如图 5-29 所示。

```
mysql> select  name,department,c_name,grade
    -> from student,grade
    -> where student.id=grade.stu_id;
+--------+------------+----------+-------+
| name   | department | c_name   | grade |
+--------+------------+----------+-------+
| 张勇   | 计算机系   | 计算机   |    98 |
| 张勇   | 计算机系   | 英语     |    80 |
| 李涛   | 电子系     | 计算机   |    65 |
| 李涛   | 电子系     | 中文     |    88 |
| 张小天 | 汽车系     | 中文     |    95 |
| 陈丽   | 汽车系     | 计算机   |    59 |
| 陈丽   | 汽车系     | 英语     |    92 |
| 李欣   | 计算机系   | 英语     |    76 |
| 李欣   | 计算机系   | 职业规划 |    66 |
| 李欣   | 计算机系   | 计算机   |  NULL |
+--------+------------+----------+-------+
```

图 5-29 查询学生的姓名、系别、科目名称和成绩

【例 5-31】 查询计算机系学生的各科成绩。

```
select name, c_name, grade from grade, student where grade.stu_id = student.id
and department= '计算机系';
```

以上 SQL 语句执行后的效果如图 5-30 所示。

```
mysql> select  name,c_name,grade  from grade,student
    -> where grade.stu_id=student.id and department='计算机系';
+------+----------+-------+
| name | c_name   | grade |
+------+----------+-------+
| 张勇 | 计算机   |    98 |
| 张勇 | 英语     |    80 |
| 李欣 | 英语     |    76 |
| 李欣 | 职业规划 |    66 |
| 李欣 | 计算机   |  NULL |
+------+----------+-------+
```

图 5-30 查询计算机系学生的各科成绩

思考：三个表如何连接查询？

5.2.2 外连接查询

内连接是在满足连接条件时，把匹配到的数据显示出来。而外连接不同，它虽然也需要通过多表中意义相同的字段建立连接，但它不仅在字段值相等时可以查询出相应的记录，当该字段值不相等时也可以查询出相应的记录。

外连接分为左外连接和右外连接。使用 outer join 关键字，关键字 outer 可以省略。其基本语法格式如下：

```
select 属性名列表 from 表 1 left|right join 表 2 on 表 1.属性名 1=表 2.属性名 2;
```

其中，“表 1”和“表 2”是要进行外连接的两个表；on 后面是两个表中的意义相同的字段，同内连接。

1. 左外连接

左外连接使用 left join 关键字可以查询出“表 1”中的所有记录,以及“表 2”中相匹配的记录。也就是说,左外连接的结果集中包括“左表”(join 关键字左边的表)中的所有行,以及“右表”(join 关键字右边的表)中没有匹配的行,没有匹配到的行显示为 null。

【例 5-32】 查询所有学生的信息及学生各科成绩的信息。

内连接语句如下:

```
select * from grade,student where student.id=grade.stu_id;
```

以上 SQL 语句执行后的效果如图 5-31 所示。

mysql> select * from grade, student where student.id=grade.stu_id;

stu_id	c_name	grade	id	name	sex	birth	department	address
20190201	计算机	98	20190201	张勇	男	1998	计算机系	四川省成都市
20190201	英语	80	20190201	张勇	男	1998	计算机系	四川省成都市
20190301	计算机	65	20190301	李涛	男	1997	电子系	四川省德阳市
20190301	中文	88	20190301	李涛	男	1997	电子系	四川省德阳市
20190401	中文	95	20190401	张小天	女	1999	汽车系	四川省绵阳市
20190402	计算机	59	20190402	陈丽	女	1999	汽车系	四川省绵阳市
20190402	英语	92	20190402	陈丽	女	1999	汽车系	四川省绵阳市
20190202	英语	76	20190202	李欣	男	2000	计算机系	四川省巴中市
20190202	职业规划	66	20190202	李欣	男	2000	计算机系	四川省巴中市
20190202	计算机	NULL	20190202	李欣	男	2000	计算机系	四川省巴中市

图 5-31 查询所有学生的信息及学生各科成绩的信息(内连接)

左外连接语句如下:

```
select * from student left join grade on student.id=grade.stu_id;
```

以上 SQL 语句执行后的效果如图 5-32 所示。

mysql> select * from student left join grade on student.id=grade.stu_id;

id	name	sex	birth	department	address	stu_id	c_name	grade
20190201	张勇	男	1998	计算机系	四川省成都市	20190201	计算机	98
20190201	张勇	男	1998	计算机系	四川省成都市	20190201	英语	80
20190301	李涛	男	1997	电子系	四川省德阳市	20190301	计算机	65
20190301	李涛	男	1997	电子系	四川省德阳市	20190301	中文	88
20190401	张小天	女	1999	汽车系	四川省绵阳市	20190401	中文	95
20190402	陈丽	女	1999	汽车系	四川省绵阳市	20190402	计算机	59
20190402	陈丽	女	1999	汽车系	四川省绵阳市	20190402	英语	92
20190202	李欣	男	2000	计算机系	四川省巴中市	20190202	英语	76
20190202	李欣	男	2000	计算机系	四川省巴中市	20190202	职业规划	66
20190202	李欣	男	2000	计算机系	四川省巴中市	20190202	计算机	NULL
20190203	张雯雯	女	2000	计算机系	四川省达州市	NULL	NULL	NULL

图 5-32 查询所有学生的信息及学生各科成绩的信息(左外连接)

左外连接查询结果共显示 11 条记录,比内连接多出最后一条记录,即 student 表中有张雯雯同学的个人信息,但是在 grade 表中并没有她的相关成绩记录。左外连接把左表(student)中所有的记录都显示出来,右表(grade)中没有相匹配记录的显示空值(null)。

2. 右外连接

右外连接使用 right join 关键字，可以查询出“表 2”中的所有记录，以及“表 1”中相匹配的记录。也就是说，右外连接的结果集中包括“右表”(join 关键字右边的表)中的所有行，以及“左表”(join 关键字左边的表)中没有匹配的行，没有匹配到的行显示为 null。

【例 5-33】 使用右外连接查询的方式查询 student 表和 grade 表。

语句如下：

```
select * from student right join grade on student.id=grade.stu_id;
```

以上 SQL 语句执行后的效果如图 5-33 所示。

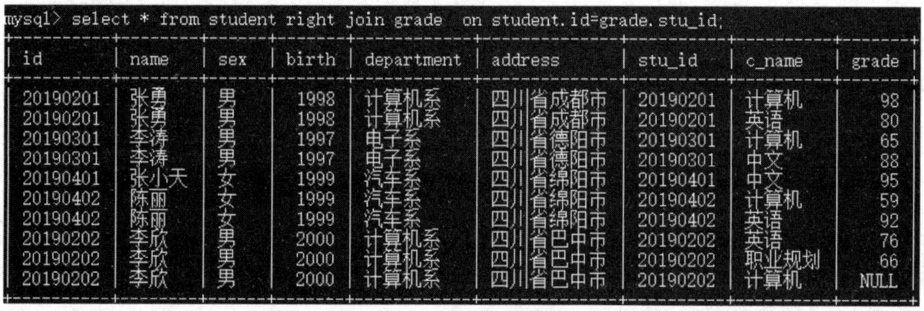
mysql> select * from student right join grade on student.id=grade.stu_id;

id	name	sex	birth	department	address	stu_id	c_name	grade
20190201	张勇	男	1998	计算机系	四川省成都市	20190201	计算机	98
20190201	张勇	男	1998	计算机系	四川省成都市	20190201	英语	80
20190301	李涛	男	1997	电子系	四川省德阳市	20190301	计算机	65
20190301	李涛	男	1997	电子系	四川省德阳市	20190301	中文	88
20190401	张小天	女	1999	汽车系	四川省绵阳市	20190401	中文	95
20190402	陈丽	女	1999	汽车系	四川省绵阳市	20190402	计算机	59
20190402	陈丽	女	1999	汽车系	四川省绵阳市	20190402	英语	92
20190202	李欣	男	2000	计算机系	四川省巴中市	20190202	英语	76
20190202	李欣	男	2000	计算机系	四川省巴中市	20190202	职业规划	66
20190202	李欣	男	2000	计算机系	四川省巴中市	20190202	计算机	NULL

图 5-33 用右外连接查询的方式查询 student 表和 grade 表

5.3 子 查 询

子查询也叫嵌套查询，是指查询语句里面嵌套另外的查询语句，也就是一条语句中至少有两个 select 语句。内层查询语句的查询结果可以作为外层查询的条件使用。子查询中可以包括 in、not in、any、all、exists 等关键字，还可以包括运算符，如“＝”“！＝”“＞”“＜”等。

5.3.1 使用比较运算符的子查询

【例 5-34】 查询李涛同学的各科成绩。

```
select c_name,grade from grade where stu_id=(select id from student where
name='李涛');
```

以上 SQL 语句执行后的效果如图 5-34 所示。

内层查询结果为李涛的学号，也就是 20190301，该学号作为外层查询的一个条件。这个子查询整体上看是一个查询语句，内层查询的结果只是作为外层查询的条件。

图 5-34　查询李涛同学的各科成绩

5.3.2　使用 in 关键字的子查询

当内层查询的返回结果不只一个时,就不能使用比较运算符如"＝"">",因为数量不匹配,结果就会报错。这时就要使用 in 关键字,表示数据在某个集合中,也就是代表在内层查询返回结果的多个数据中。

【例 5-35】　查询计算机系学生的各科成绩。

select c_name,grade from grade where stu_id in(select id from student where department='计算机系');

以上 SQL 语句执行后的效果如图 5-35 所示。

提示：计算机系有多个学生,内层查询返回的学号也有多个,外层查询必须用 in 关键字,若用"＝"就会报错。

【例 5-36】　查询非汽车系学生的各科成绩。

select c_name,grade from grade where stu_id not in(select id from student where department='汽车系');

以上 SQL 语句执行后的效果如图 5-36 所示。

图 5-35　查询计算机系学生的各科成绩　　图 5-36　查询非汽车系学生的各科成绩

5.3.3　使用 exists 关键字的子查询

使用 exists 关键字时,内层查询语句不返回查询记录,而是返回一个逻辑值(true 或者 false)。当内层查询语句查询到符合条件的记录时返回一个真值(true),否则返回一个假值(false)。当内层查询返回真值时,外层查询进行查询,否则外层查询不进行查询。

【例5-37】 当有满分成绩时查询学生的成绩单。

select * from grade where exists(select stu_id from grade where grade=100);

以上 SQL 语句执行后的效果如图 5-37 所示。

```
Empty set (0.01 sec)
```

图 5-37　当有满分成绩时查询学生的成绩单

not exists 与 exists 的使用刚好相反,当返回值是 true 时,外层查询语句不进行查询；当返回值是 false 时,外层查询进行查询。

5.3.4　使用 any 关键字的子查询

使用 any 关键字时,只要满足内层查询返回结果中的任何一个值,外层查询就会匹配条件进行查询。

【例5-38】 查询计算机课程成绩高于计算机系计算机课程成绩的其他系部学生的学号。

select stu_id from grade where grade>any (select grade from grade where c_name='计算机' and stu_id in (select id from student where department='计算机系'));

以上 SQL 语句执行后的效果如图 5-38 所示。

```
Empty set (0.07 sec)
```

图 5-38　查询计算机课程成绩高于计算机系计算机课程成绩的其他系部学生的学号

5.3.5　使用 all 关键字的子查询

使用 all 关键字时,只有满足内层查询返回结果中的所有值,外层查询才会进行查询。

【例5-39】 查询成绩比学号为 20190402 学生成绩高的学生的学号。

select stu_id from grade where grade> all(select grade from grade where stu_id=20190402);

以上 SQL 语句执行后的效果如图 5-39 所示。

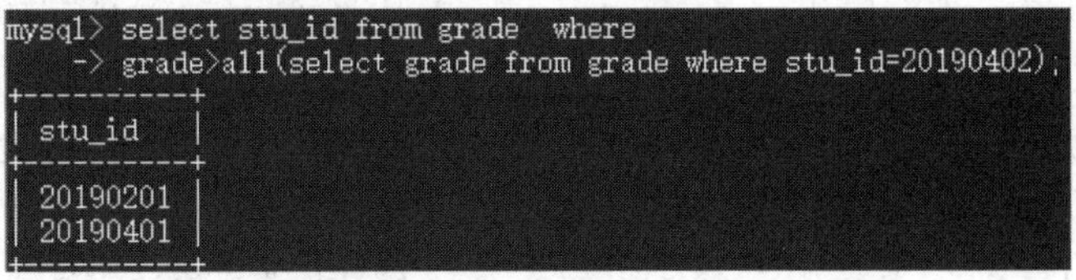

```
mysql> select stu_id from grade  where
    -> grade>all(select grade from grade where stu_id=20190402);
+----------+
| stu_id   |
+----------+
| 20190201 |
| 20190401 |
+----------+
```

图 5-39　查询成绩比学号为 20190402 学生成绩高的学生的学号

5.4 小　　结

　　数据库的查询是本书较重要的章节,涉及的知识点比较多,内容包括查询指定字段,查询指定记录,各种查询条件的灵活使用,多重查询(and、or),查询结果的排序,分组查询,以及多表的连接查询和子查询。其中分组查询经常与集合函数一起使用以更好地发挥作用,使用方法有灵活及限制的地方。使用 limit 可以限制查询结果的数量。查询的形式多种多样,可以使用不同的查询命令实现相同的查询结果。需要读者多加理解和掌握。

5.5 习　　题

1. 选择题

(1) 在 select 语句中的 where 子句的条件表达式中,可以匹配 0 到多个字符的通配符是(　　)。

　　A. *　　　　　　B. %　　　　　　C. —　　　　　　D. ?

(2) select 语句中使用关键字(　　)可以把重复行屏蔽掉。

　　A. distinct　　　B. union　　　　C. desc　　　　D. limit

(3) SQL 语句中,条件"年龄 between 19 and 23"表示年龄在 19~23 岁且(　　)。

　　A. 不包括 19 和 23　　　　　　　B. 包括 19 和 23

　　C. 包括 19 但不包括 23　　　　　D. 包括 23 但不包括 19

(4) where 条件中">any"的含义为大于查询结果中的(　　)。

　　A. 某个值　　　B. 所有值　　　C. 任一值　　　D. 一些值

(5) 在 select 语句中使用"*"表示(　　)。

　　A. 选择任何属性　　　　　　　　B. 选择全部属性

　　C. 选择全部元组　　　　　　　　D. 选择全部字段

(6) exists 称为存在量词,当子查询的结果(　　)时,条件为真。

　　A. 为零时　　　B. 不为零时　　C. 为非空时　　D. 为空时

(7) 查询货号是"1011"或"1020"的记录,可以在条件中输入(　　)。

　　A. "1011" and "1020"　　　　　B. not in("1011","1020")

　　C. in ("1011","1020")　　　　　D. not("1011" and "1020")

(8) 在学生数据记录表中要查找姓"楚"的学生,对应"姓名"字段的正确表达式是(　　)。

　　A. "楚?"　　　B. "楚*"　　　C. like"%楚%"　　　D. like"楚%"

2. 操作题

department 表和 employee 表的记录如表 5-3 和表 5-4 所示。

表 5-3　department 表

d_id	d_name	function	address
101	人事部	人事管理	成都
102	研发部	产品研发	北京
103	生产部	产品生产	重庆
104	销售部	产品销售	成都

表 5-4　employee 表

id	name	sex	age	d_id	salary	address
6001	张小飞	男	25	102	8000	四川省成都市
6002	赵丽	女	20	101	5000	四川省绵阳市
6003	王萌	女	26	103	4000	重庆市
6004	李俊	男	30	101	4000	河南省洛阳市
6005	郭晓云	女	21	102	6000	四川省成都市
6006	张涛	男	28	103	4500	四川省成都市

(1) 查询 employee 表的所有记录。

(2) 查询 department 表中的部门号、部门名称和工作地点。

(3) 查询 employee 表的第 3～5 条记录。

(4) 查询 employee 表中年龄在 25～32 岁的员工的信息。

(5) 查询 employee 表中姓张的员工的信息。

(6) 查询 employee 表中姓张的且名字是一个字的员工的信息。

(7) 查询家庭住址在成都的员工的信息。

(8) 查询 employee 表中工资最高的员工的信息。

(9) 查询 employee 表中各部门的最高工资。

(10) 查询 employee 表中员工的平均年龄。

(11) 计算每个部门的总工资。

(12) 查询人事部员工的平均年龄。

(13) 查询研发部员工的最高工资。

(14) 把工资按照从高到低的顺序排序。

(15) 用左连接的方式查询 department 表和 employee 表的信息。

第 6 章 运 算 符

运算符是用来连接表达式中各个操作数的符号,其作用是用来指明对操作数所进行的运算。MySQL 数据库支持使用运算符,通过使用运算符,可以使数据库的功能更加强大,而且可以更加灵活地使用表中的数据。

MySQL 运算符包括 4 类,分别是算术运算符、比较运算符、逻辑运算符和位运算符。

本章主要内容如下:

- 算术运算符。
- 比较运算符。
- 逻辑运算符。
- 位运算符。
- 运算符的优先级。

【相关单词】

(1) between:在……之间 (2) null:空
(3) div:除法 (4) mod:取余
(5) regexp:正则表达式 (6) xor:异或

6.1 算术运算符

MySQL 支持的算术运算符包括加、减、乘、除和模运算。它们是最常用、最简单的一类运算符。表 6-1 列出了这些运算符及其作用。

表 6-1 算术运算符

运算符	作 用	运算符	作 用
+	加法	/, div	除法,返回商
-	减法	%, mod	除法,返回余数
*	乘法		

在例 6-1 中简单地演示了这几种运算符的使用方法。

【例 6-1】 算术运算符计算结果如图 6-1 所示。

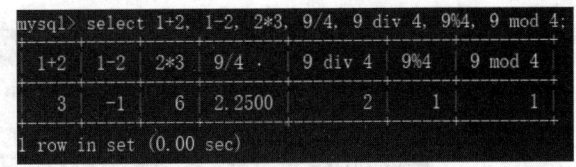

图 6-1 算术运算符计算结果

6.2 比较运算符

比较运算符是查询数据时最常用的一类运算符。select 语句中的条件语句经常使用比较运算符。通过这些比较运算符可以判断表中的哪些记录是符合条件的。下面是各种比较运算符的符号、作用和表达式的形式,如表 6-2 所示。

表 6-2 比较运算符

符 号	表达式的形式	作 用
＝	x1＝x2	判断 x1 是否等于 x2
＜＞和!＝	x1＜＞x2 或 x1!＝x2	判断 x1 是否不等于 x2
＜＝＞	x1＜＝＞x2	判断 x1 是否等于 x2
＞	x1＞x2	判断 x1 是否大于 x2
＞＝	x1＞＝x2	判断 x1 是否大于等于 x2
＜	x1＜x2	判断 x1 是否小于 x2
＜＝	x1＜＝x2	判断 x1 是否小于等于 x2
is null	x1 is null	判断 x1 是否等于 null
is not null	x1 is not null	判断 x1 是否不等于 null
between...and	x1 between m and n	判断 x1 的取值是否落在 m 和 n 之间
in	x1 in(值 1,值 2,...,值 n)	判断 x1 的取值是否为值 1~值 n 中的一个
like	x1 like 表达式	判断 x1 是否与表达式匹配
regexp	x1 regexp 正则表达式	判断 x1 是否与正则表达式匹配

6.2.1 "＝"运算符

"＝"可以用来判断数字、字符串和表达式等是否相等。如果相等,结果返回 1;如果不相等,结果返回 0。空值(null)不能使用"＝"进行判断。

【例 6-2】 使用"＝"运算符判断两个操作数是否相等,如图 6-2 所示。

通过例 6-2 可以看出,"＝"运算符不仅可以用来判断数字是否相等,还可以用来判断

```
mysql> select 1=1, 1=2, 'a'='a', 'a'='b', null=null;
1=1  1=2  'a'='a'  'a'='b'  null=null
 1    0      1        0       null
1 row in set (0.01 sec)
```

图 6-2 使用"＝"运算符判断两个操作数是否相等

两个字符是否相同,如果相同返回 1,否则返回 0。判断字符时,数据库系统都是根据字符的 ASCII 码进行判断的,如果 ASCII 码相等,则表示这两个字符相同;如果 ASCII 码不相等,则表示两个字符不同。

6.2.2 "＜＞"和"！＝"运算符

"＜＞"和"！＝"运算符作用是一样的,都可以用来判断数字、字符串、表达式等是否不相等。如果不相等,结果返回 1;如果相等,结果返回 0。这两个符号也不能用来判断空值(null)。

【例 6-3】 使用"＜＞"和"！＝"运算符判断两个操作数是否不相等,如图 6-3 所示。

```
mysql> select 1<>2, 1!=2, 1!=1, 1!=null;
1<>2  1!=2  1!=1  1!=null
 1     1     0     null
1 row in set (0.00 sec)
```

图 6-3 使用"＜＞"和"！＝"运算符判断两个操作数是否不相等

通过例 6-3 可以看出,两个操作数不相等时返回 1,两个操作数相等时返回 0。用来判断 null,结果也返回 null。

6.2.3 "＜＝＞"运算符

"＜＝＞"运算符的作用与"＝"运算符的作用是一样的,也是用来判断操作数是否相等。不同的是,"＜＝＞"可以用来判断 null。

【例 6-4】 使用"＜＝＞"运算符判断两个操作数是否相等,如图 6-4 所示。

```
mysql> select 1<=>1, 1<=>2, 'a'<=>'a', 'a'<=>'b', null<=>null;
1<=>1  1<=>2  'a'<=>'a'  'a'<=>'b'  null<=>null
  1      0        1          0           1
1 row in set (0.00 sec)
```

图 6-4 使用"＜＝＞"运算符判断两个操作数是否相等

6.2.4 ">"">="""<""<="运算符

用于判断两边的操作数是否满足小于或小于和等于等条件。需要注意的是字符都是根据字符的 ASCII 码进行判断的。判断 null 时结果会返回 null。

【例 6-5】 使用">"和">="运算符进行字符大小的判断,如图 6-5 所示。

```
mysql> select 'b'>'a', 'b'>='a', 'a'>'ab', null<null;
'b'>'a' | 'b'>='a' | 'a'>'ab' | null<null
   1         1          0         null
1 row in set (0.00 sec)
```

图 6-5 使用">"和">="运算符进行字符大小的判断

6.2.5 in 运算符

in 运算符可以用来判断操作数是否落在某个集合中。表达式 x in(值 1,值 2,…,值 n)中,如果 x 等于值 1 到值 n 中的任何一个值,结果返回 1;如果没有对应值,结果返回 0。

【例 6-6】 使用 in 运算符判断操作数是否落在某个集合中,如图 6-6 所示。

```
mysql> select 1 in (1,2,3,4), 0 in (1,2,3,4), 'a' in ('a', 'b'), 'c' in ('a', 'b');
1 in (1,2,3,4) | 0 in (1,2,3,4) | 'a' in ('a', 'b') | 'c' in ('a', 'b')
      1              0                  1                  0
1 row in set (0.00 sec)
```

图 6-6 使用 in 运算符判断操作数是否落在某个集合中

6.2.6 like 运算符

like 运算符用来匹配字符串。在表达式 x1 like s1 中,如果 x1 与字符串 s1 匹配,结果返回 1;如果不匹配,结果返回 0。

【例 6-7】 使用 like 运算符判断字符串是否匹配,如图 6-7 所示。

```
mysql> select 'chengdu' like 'chengdu', 'chengdu' like '_____du', 'chengdu' like 'c%u';
'chengdu' like 'chengdu' | 'chengdu' like '_____du' | 'chengdu' like 'c%u'
           1                         1                         1
1 row in set (0.00 sec)
```

图 6-7 使用 like 运算符判断字符串是否匹配

通过例 6-7 可以看出，当字符串 chengdu 与 chengdu 匹配时，结果返回 1；字符串 chengdu 与 ＿＿＿＿＿du 匹配时，匹配长度为 7 且最后两个字母为 du 的字符串，结果返回 1；字符串 chengdu 与 c％u 匹配时，匹配字母为 c 开头且以字母 u 结尾的字符串，结果返回 1。

like 关键字经常和通配符 "_" 和 "％" 一起使用，"_" 代表任意的单个字符，"％" 代表任意长度的字符。只匹配字符串开头或者末尾的几个字符，可以使用 "％" 替代字符串中不需要匹配的字符，这样就不用关心那些字符的个数，因为 "％" 可以匹配任意长度的字符。

6.2.7　regexp 运算符

regexp 运算符也用来匹配字符串，但其是使用正则表达式进行匹配的。表达式 x regexp 匹配方式中，如果 x 满足匹配方式，结果返回 1；如果不满足，结果返回 0。

【例 6-8】　使用 regexp 匹配字符串，如图 6-8 所示。

```
mysql> select 'chengdu' regexp '^c', 'chengdu' regexp 'u$', 'chengdu' regexp 'z';
+-----------------------+-----------------------+----------------------+
| 'chengdu' regexp '^c' | 'chengdu' regexp 'u$' | 'chengdu' regexp 'z' |
+-----------------------+-----------------------+----------------------+
|                     1 |                     1 |                    0 |
+-----------------------+-----------------------+----------------------+
1 row in set (0.00 sec)
```

图 6-8　使用 regexp 匹配字符串

通过例 6-8 可以看出，chengdu 是以字母 c 开头的，结果返回 1；chengdu 是以字母 u 结束的，结果返回 1。因为 chengdu 中不包含字母 z，所以结果返回 0。

使用 regexp 关键字可以匹配字符串，使用方法非常灵活。regexp 关键字经常与 "^" "$" "*" 及 "." 一起使用。"^" 用来匹配字符串的开始部分，如 "^L" 可以匹配任何以字母 L 开头的字符串；"$" 用来匹配字符串的末尾部分；"*" 用来代表 0 个或多个字符；"." 用来代表字符串中的一个字符。

6.3　逻辑运算符

逻辑运算符用来判断表达式的真假。逻辑运算符的返回结果只有 1 和 0。如果表达式是真，结果返回 1；如果表达式是假，结果返回 0。逻辑运算符又称为布尔运算符。MySQL 中支持 4 种逻辑运算符，这 4 种逻辑运算符分别是与、或、非和异或。表 6-3 是 4 种逻辑运算符的符号和名称。

表 6-3 逻辑运算符

运算符	作用	运算符	作用
not 或 !	逻辑非	or 或 ||	逻辑或
and 或 &&	逻辑与	xor	逻辑异或

6.3.1 与运算

"&&"或者 and 表示与运算。所有操作数不为 0 且不为空值（null）时，结果返回 1；存在任何一个操作数为 0 时，结果返回 0；存在一个操作数为 null 且没有操作数为 0 时，结果返回 null。与运算符"&&"可以有多个操作数同时进行与运算，其基本形式为 x1 && x2 && ... && xn。

【例 6-9】 使用与运算的示例如图 6-9 所示。

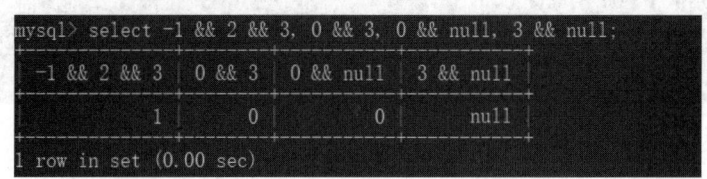

图 6-9 使用与运算

通过例 6-9 可以看出，-1 && 2 && 3 中没有值为 0 和 null，所以结果返回 1；0 && 3 和 0 && null 中存在操作数为 0，所以结果返回 0；3 && null 存在操作数为 null 且没有操作数为 0，所以结果返回 null。

与运算符 and 和"&&"的使用方法一样，也可以有多个操作数同时进行与运算，其基本形式为 x1 and x2 and...and xn，注意多操作数与 and 必须要用空格隔开。

6.3.2 或运算

"||"或者 or 表示或运算。所有操作数中存在任何一个操作数为非 0 的数字时，结果返回 1；如果操作数中不包含非 0 的数字，但包含 null 时，结果返回 null；如果操作数中只有 0 时，结果返回 0。或运算符"||"可以有多个操作数同时进行或运算，其基本形式为 x1||x2||...||xn。

【例 6-10】 使用或运算的示例如图 6-10 所示。

图 6-10 使用或运算

通过例 6-10 可以看出,1||－1||null||0 中尽管包含 null 和 0,由于其中也包含 1 和－1 这两个非 0 的数字,所以结果返回 1;3||null 中只包含数字 3,所以结果也返回 1;0||null中只包含 0 和 null,所以结果返回 null;null||null 中只包含 null,所以结果返回 null;0||0 中只有数字 0,所以结果返回 0。使用 or 的效果一样,这里不再赘述。

6.3.3 非运算

“!”或者 not 表示非运算。通过非运算,将返回与操作数相反的结果。如果操作数是非 0 的数字,结果返回 0;如果操作数是 0,结果返回 1;如果操作数是 null,结果返回 null。“或”运算符“!”只能有一个操作数进行非运算,其基本形式为!x。

【例 6-11】 使用非运算的示例如图 6-11 所示。

```
mysql> select !1, !0.3, !-3, !0, !null, not 1, not 0.3, not -3, not 0, not null;
+----+------+-----+----+-------+-------+---------+--------+-------+----------+
| !1 | !0.3 | !-3 | !0 | !null | not 1 | not 0.3 | not -3 | not 0 | not null |
+----+------+-----+----+-------+-------+---------+--------+-------+----------+
|  0 |    0 |   0 |  1 |  null |     0 |       0 |      0 |     1 |     null |
+----+------+-----+----+-------+-------+---------+--------+-------+----------+
1 row in set (0.00 sec)
```

图 6-11　使用非运算

因为 1、0.3 和－3 都是非 0 的数字,所以结果返回 0;操作数是 0 时,返回结果为 1;操作数是 null 时,返回结果为 null。

6.3.4 异或运算

xor 表示异或运算。异或运算符 xor 的基本形式为 x1 xor x2。只要其中任何一个操作数为 null 时,结果返回 null;如果 x1 和 x2 都是非 0 的数字或者都是 0 时,结果返回 0;如果 x1 和 x2 中一个是非 0,另一个是 0 时,结果返回 1。

【例 6-12】 使用异或运算的示例如图 6-12 所示。

```
mysql> select null xor 1, null xor 0, 3 xor 1, 1 xor 0, 0 xor 0, 3 xor 2 xor 0 xor 1;
+------------+------------+---------+---------+---------+---------------------+
| null xor 1 | null xor 0 | 3 xor 1 | 1 xor 0 | 0 xor 0 | 3 xor 2 xor 0 xor 1 |
+------------+------------+---------+---------+---------+---------------------+
|       null |       null |       0 |       1 |       0 |                   1 |
+------------+------------+---------+---------+---------+---------------------+
1 row in set (0.00 sec)
```

图 6-12　使用异或运算

因为 null xor 1 和 null xor 0 中包含了 null,所以返回的结果是 null。3 xor 1 中的两个操作数都是非 0 的数字,结果返回 0;1 xor 0 中一个是非 0 数字,一个是 0,所以结果返回 1;0 xor 0 中的操作数都是 0,所以结果返回 0;3 xor 2 xor 0 xor 1 中有多个操作数,计算时是从左到右依次计算的,先将 3 xor 2 计算出来,将计算结果与 0 再进行计算,以此类推。

MySQL 中进行异或运算时,所有大于－1 且小于 1 的数字都被视为逻辑 0。如果两个操作数同为逻辑 0 或者同为逻辑 1 时,结果返回 0,即逻辑相同时返回 0;如果两个操作数一个是逻辑 0,另一个是逻辑 1,结果返回 1,即逻辑不同时返回 1;0.3 xor 3.3 返回的结果是 1,因为 0.3 属于逻辑 0,3.3 属于逻辑 1。

6.4 位运算符

位运算是将给定的操作数转化为二进制后,对各个操作数的每一位都进行指定的逻辑运算,得到的二进制结果转换为十进制数后就是位运算的结果。MySQL 数据库支持 6 种位运算符,如表 6-4 所示。

表 6-4 位运算符

符号	作 用
&	按位与。进行该运算时,数据库系统会先将十进制的数转换为二进制的数,然后对应操作数的每个二进制位进行与运算。1 和 1 相"与"得 1,与 0 相"与"得 0。运算完成后再将二进制数变回十进制数
|	按位或。将操作数化为二进制数后,每位都进行或运算。1 和任何数进行或运算的结果都是 1,0 和 0 或运算结果为 0
~	按位取反。将操作数化为二进制数后,每位都进行取反运算。1 取反后变成 0,0 取反后变成 1
^	按位异或。将操作数化为二进制数后,每位都进行异或运算。相同的数相互异或之后结果是 0,不同的数相互异或之后结果为 1
<<	按位左移。"$m<<n$"表示 m 的二进制数向左移 n 位,右边补上 n 个 0。例如,二进制数 001 左移 1 位后变成 0010
>>	按位右移。"$m>>n$"表示 m 的二进制数向右移 n 位,左边补上 n 个 0,例如,二进制数 011 右移 1 位后变成 001,最后一个 1 直接被移出

6.4.1 按位与

"&"表示按位与。进行该运算时,数据库系统会先将十进制数转换为二进制数,然后对应操作数的每个二进制位上进行与运算。1 和 1 相"与"得 1,与 0 相"与"得 0。运算完成后,再将二进制数变回十进制数。

【例 6-13】 使用按位与运算的示例如图 6-13 所示。

5 的二进制数为 101,6 的二进制数为 110。两个二进制数在对应位上进行与运算,得到的结果为 100。然后将二进制数 100 转换十进制数,结果即为 4。在 5&6&7 中,先将 5&6 进行计算,得到结果为 4;然后再将 4 与 7 进行按位与。7 的二进制数为 111,按位与的结果为 110,转换为十进制就

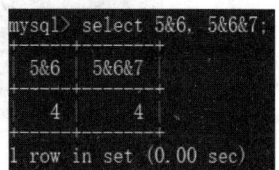

图 6-13 按位与运算

是4。

6.4.2 按位或

"|"表示按位或。将操作数转换为二进制数后,每位都进行或运算。1和任何数进行或运算的结果都是1,0与0进行或运算的结果为0。

【例6-14】 使用按位或运算的示例如图6-14所示。

5的二进制数是101,6的二进制数是110。两个二进制数在对应位上进行或运算,得到的结果为111;然后将二进制数111转换为十进制数,结果就是7。"5|6|7"中,先将"5|6"进行计算,得到的结果为4;再将4与7进行按位或,7的二进制数为111,按位或的结果为111,转换为十进制即为7。

6.4.3 按位取反

"~"表示按位取反。将操作数化为二进制数后,每位都进行取反运算。1取反后变成0,0取反后变成1。

【例6-15】 使用按位取反运算的示例如图6-15所示。

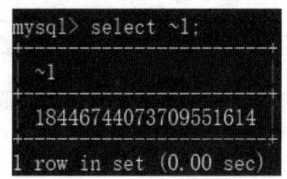

图6-14 按位或运算　　　　图6-15 按位取反运算

对数字1进行按位取反后,结果变成了18446744073709551614。因为在MySQL中常量是8字节,每个字节是8位,那么一个常量就是64位。数字1变成二进制数以后,是由64位构成的,最后一位是1,前面的63位是0。进行按位取反后,前63位的值是1,最后一位是0。这个二进制数最后转换为十进制数就是18446744073709551614。

使用bin()函数可以查看二进制数。下面使用bin()函数查看常数1取反结果的二进制数。

【例6-16】 使用bin()查看"~1"的二进制数如图6-16所示。

图6-16 使用bin()查看"~1"的二进制数

6.4.4 按位异或

"^"表示按位异或。将操作数化为二进制数后,每位都进行异或运算。相同的数异或之后结果是 0,不同的数异或之后结果为 1。

【例 6-17】 使用按位异或运算的示例如图 6-17 所示。

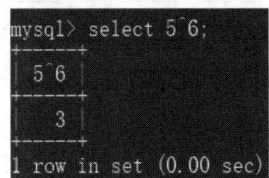

图 6-17 按位异或运算

5 的二进制数是 101,6 的二进制数是 110,按位异或之后结果为 011,转换为十进制数就是 3。

6.4.5 按位左移与按位右移

"<<"表示按位左移。m<<n 表示 m 的二进制数向左移 n 位,右边补上 n 个 0。例如,二进制数 001 左移 1 位后将变成 0010。">>"表示按位右移。m>>n 表示 m 的二进制数向右移 n 位,左边补上 n 个 0。二进制数 011 右移 1 位后变成 001,最后一个 1 被移出。

【例 6-18】 使用按位左移和按位右移的示例如图 6-18 所示。

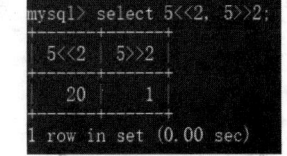

图 6-18 按位左移和按位右移

5 的二进制数为 101,左移两位后变为 10100,这个数转换为十进制数即为 20。101 右移两位后变为 001,这个数转换为十进制数即为 1。

位运算都是在二进制数上进行的。用户输入的操作数可能是十进制数,数据库系统在进行位运算之前会将其转换为二进制数,等位运算完成后,再将这些数字转换回十进制数。位运算都是在对应位上运算,如数 1 的第一位只与数 2 的第一位进行运算,数 1 的第二位只与数 2 的第二位进行运算。

6.5 运算符的优先级

由于在实际应用中可能需要同时使用多个运算符,这就必须考虑运算符的运算顺序,即到底谁先运算,谁后运算。

MySQL 的表达式都是从左到右开始运算,哪个运算符的优先级高,哪个运算符优先进行计算。表6-5列出了MySQL支持的所有运算符的优先级,按照从上到下的顺序,优先级依次降低。同一行中的优先级相同。优先级相同时,表达式左边的运算符先运算。

表6-5 运算符的优先级

优先级	运 算 符
1	!
2	~
3	^
4	*,/,div,%,mod
5	+,-
6	>>,<<
7	&
8	|
9	=,<=>,<,<=,>,>=,!=,<>,in,is,null,like,regexp
10	between and,case,when,then,else
11	not
12	&&,and
13	||,or,xor
14	:=

读者可以根据该表的内容参考运算符的优先级。但在实际工作中更多地使用小括号将优先计算的内容括起来,这样更加简单,而且可读性更强。

6.6 小 结

本章介绍了MySQL中的各类运算符,其中算术运算符和比较运算符在编写SQL语句中是比较常见的。比较运算符在条件查询语句where中使用较为频繁,而逻辑运算符和位运算符使用较少,特别是位运算符,因其涉及二进制手工计算步骤较多,读者一定要上机实际操作,并且要多加练习。

6.7 习 题

1. 计算6+7/3。
2. "select 2*3%5+6/3;"运行结果是多少?
3. "!null||9"返回的值是多少?
4. 请计算~2。
5. 请计算bin(5>>2)。

第 7 章 MySQL 函数

MySQL 提供了众多功能强大、方便易用的函数。使用这些函数，可以极大地提高用户对数据库的管理效率。

本章主要内容如下：
- 了解什么是 MySQL 函数。
- 掌握各种字符串函数的用法。
- 掌握各种数学函数的用法。
- 掌握日期和时间函数的用法。

【相关单词】
(1) select：选择　　　　　　(2) length：长度
(3) concat：连接　　　　　　(4) rand：随机数
(5) month：月份　　　　　　(6) time：时间
(7) insert：插入　　　　　　(8) abs：绝对值

7.1 MySQL 函数简介

在运用 MySQL 管理数据库时，为了方便开发人员和管理人员的使用，MySQL 提供了多种内建函数，例如日期函数、数学函数等，本章将通过一些例子介绍这几种函数。

7.2 字符串函数

字符串函数是最常用的一种函数，主要用来处理数据库中的字符串数据，字符串函数包括求字符串长度、合并字符串、替换字符串、获取指定长度的字符串等函数。

7.2.1 字符数和字符串长度函数

char_length(m)函数计算字符串 m 的字符数，length(m)函数计算字符串 m 的长度。

【例 7-1】 计算 test 字符串的字符数和字符串长度。

SQL 语句如图 7-1 所示。

```
mysql> select char_length('test'), length('test');
+---------------------+----------------+
| char_length('test') | length('test') |
+---------------------+----------------+
|                   4 |              4 |
+---------------------+----------------+
1 row in set (0.01 sec)
```

图 7-1 计算 test 字符串的字符数和字符串长度

length()函数的返回值为字符串的字节长度,使用 UTF8(Unicode 的一种变长字符编码,又称万国码)编码字符集时,一个汉字是 2 字节,一个数字或字母是 1 字节。通过例 7-1 可以看到,length()函数的计算结果与 char_length 相同,因为英文字符的个数和所占的字节相同,1 个字符占 1 字节。

7.2.2 concat 函数

concat(m,n,...)函数是将传入的参数连接成一个字符串。

【例 7-2】 使用 concat()将多个参数连接成一个字符串,SQL 语句如图 7-2 所示。

```
mysql> select concat('php ', 'is ', 'best ', 'language');
+--------------------------------------------+
| concat('php ', 'is ', 'best ', 'language') |
+--------------------------------------------+
| php is best language                       |
+--------------------------------------------+
1 row in set (0.00 sec)
```

图 7-2 使用 concat()连接多个参数成一个字符串

7.2.3 insert 函数

insert(str,m,n,instr) 将字符串 str 从第 m 位置开始,n 个字符长的子串替换为字符串 instr。

【例 7-3】 使用 insert()函数将 123456 从第 3 位开始,把 3 和 4 两个字符替换成 0,SQL 语句如图 7-3 所示。

```
mysql> select insert('123456', 3, 2, '0');
+-----------------------------+
| insert('123456', 3, 2, '0') |
+-----------------------------+
| 12056                       |
+-----------------------------+
1 row in set (0.00 sec)
```

图 7-3 使用 insert()函数

7.2.4 left 函数和 right 函数

left(str,m)函数是返回 str 字符串左边的 m 个字符。

right(str,n)函数是返回 str 字符串右边的 n 个字符。

【例 7-4】 使用 left()和 right()函数分别输出字符串左边的 4 个字符和右边的 5 个字符,SQL 语句如图 7-4 所示。

```
mysql> select left('GoodNight', 4), right('GoodNight', 5);
+----------------------+-----------------------+
| left('GoodNight', 4) | right('GoodNight', 5) |
+----------------------+-----------------------+
| Good                 | Night                 |
+----------------------+-----------------------+
1 row in set (0.00 sec)
```

图 7-4 使用 left()函数和 right()函数

7.3 数学函数

MySQL 中的数学函数也是比较常用的一类函数,可以利用 MySQL 函数对数值进行数学运算,例如获取数值的绝对值、获取随机数等。

7.3.1 abs 函数

【例 7-5】 使用 abs()函数获取传入值的绝对值,SQL 语句如图 7-5 所示。

```
mysql> select abs(-5), abs(5);
+---------+--------+
| abs(-5) | abs(5) |
+---------+--------+
|       5 |      5 |
+---------+--------+
1 row in set (0.01 sec)
```

图 7-5 使用 abs()函数获取传入值的绝对值

7.3.2 ceil 函数和 floor 函数

ceil()函数和 ceiling()函数的作用是一样的,都是向上取整,可以返回大于或等于 x 的最小整数。

floor()函数则是向下取整,可以返回小于或等于 x 的最大整数。

【例 7-6】 使用 ceil()函数和 floor()函数对 −2.8 和 3.6 进行向上和向下取整,SQL 语句如图 7-6 所示。

```
mysql> select ceil(-2.8),ceil(3.6),floor(-2.8),floor(3.6);
+------------+-----------+-------------+------------+
| ceil(-2.8) | ceil(3.6) | floor(-2.8) | floor(3.6) |
+------------+-----------+-------------+------------+
|         -2 |         4 |          -3 |          3 |
+------------+-----------+-------------+------------+
1 row in set (0.01 sec)
```

图 7-6　使用 ceil() 函数和 floor() 函数

7.3.3　rand 函数

rand() 函数返回一个随机浮点值 v，范围为 0～1（即 $0 \leqslant v \leqslant 1.0$）。若已指定一个整数参数，则它被用作种子值，用来产生重复序列。

【例 7-7】　使用 rand() 函数生成随机数，SQL 语句如图 7-7 所示。

```
mysql> select rand(), rand(), rand(5), rand(6), rand(6);
+-------------------+-------------------+-------------------+-------------------+-------------------+
| rand()            | rand()            | rand(5)           | rand(6)           | rand(6)           |
+-------------------+-------------------+-------------------+-------------------+-------------------+
| 0.52841378797629  | 0.92719142132177  | 0.40613597483014  | 0.65631908425718  | 0.65631908425718  |
+-------------------+-------------------+-------------------+-------------------+-------------------+
1 row in set (0.00 sec)
```

图 7-7　使用 rand() 函数生成随机数

通过例 7-7 可以看到，不带参数的 rand() 函数每次生成的随机数是不同的，当传入参数相同时也将生成相同的随机数。

7.4　时　间　函　数

MySQL 中的日期和时间函数可以用来返回系统日期和时间等，也可以计算两个日期相差了多少天。

7.4.1　获取当前日期的函数

curdate() 函数和 current_date() 函数作用相同，都会将当前日期按照 YYYY-MM-DD 或 YYYYMMDD 的格式返回。

【例 7-8】　使用 curdate() 获取当前日期，SQL 语句如图 7-8 所示。

通过例 7-8 可以看到，curdate() 函数可以返回当前系统的日期，使用 "curdate()＋0" 可以将当前日期值转换为数值型。

curtime() 函数和 current_time() 函数的作用相同，都会将当前时间以 HH:MM:SS 或 HHMMSS 的格式返回。

【例 7-9】　使用 curtime() 函数获取当前时间，SQL 语句如图 7-9 所示。

图 7-8　使用 curdate()函数获取当前日期　　　图 7-9　使用 curtime()函数获取当前时间

通过例 7-9 可以看到,curtime()函数和 curdate()函数一样,都可以使用加零的方式将其转换为数值型。

7.4.2　获取当前日期和时间的函数

获取当前日期和时间的函数有 now()、current_timestamp()、localtime()和 sysdate() 4 种,它们的返回结果都是一样的。

【例 7-10】　使用 now()函数获取当前日期和时间,SQL 语句如图 7-10 所示。

图 7-10　使用 now()函数获取当前日期和时间

7.4.3　month 函数和 monthname 函数

month(d)函数返回日期 d 中的月份值,其取值范围为 1～12;monthname(d)函数返回日期 d 中的月份的英文名称,如 January、February 等。其中,参数 d 可以是日期和时间,也可以是日期。

【例 7-11】　使用 month()和 monthname()函数获取月份,SQL 语句如图 7-11 所示。

图 7-11　使用 month()和 monthname()函数获取月份

通过例 7-11 可以看到,month()函数和 monthname()函数支持的输入类型都是一样的,都可输入字符串或 date 类型的数据。只是 month()函数返回的是月份的数字,monthname()函数返回的是月份的英文名称。

7.4.4 datediff 函数

datediff(d1,d2)函数计算日期 d1 与 d2 相隔的天数。

【例 7-12】 使用 datediff()函数计算两个日期相差的天数,SQL 语句如图 7-12 所示。

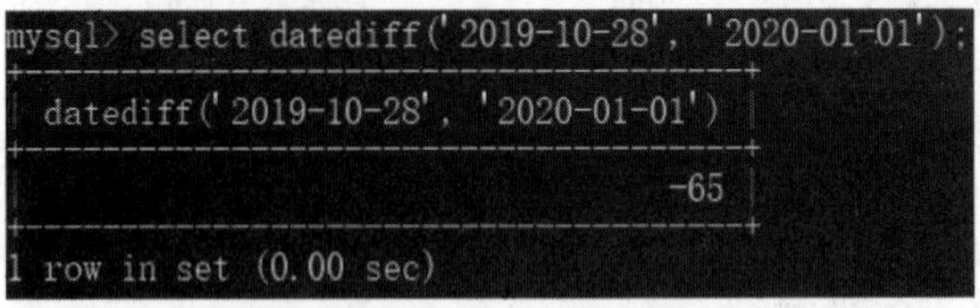

```
mysql> select datediff('2019-10-28', '2020-01-01');
datediff('2019-10-28', '2020-01-01')
                                 -65
1 row in set (0.00 sec)
```

图 7-12 使用 datediff()函数计算两个日期相差的天数

通过例 7-12 可以看到,datediff(d1,d2)函数是使用 d1 的日期减去 d2 的日期。

7.5 小 结

本章介绍了 MySQL 数据库提供的内部函数,这些函数包括数学函数、字符串函数、日期和时间函数等。字符串函数、日期和时间函数是本章重点介绍的内容,这些函数通常与 select 语句一起使用,方便用户进行查询,同时 insert、update、delect 语句和条件表达式也可以使用这些函数。读者一定要上机实际操作这些函数,这样可以对函数了解得更加透彻。

7.6 习 题

1. 知道一个人的出生年月日,例如 2000/5/8,如何利用函数计算这个人的年龄?
2. 计算 Hello MySQL 字符串的长度。
3. 将 www.abc.com 替换为 www.adcdef.com。
4. 使用什么函数可以将-7.8 的输出结果为 8?
5. 计算当前时间到 2020-10-01 间隔多少小时。
6. 以 Oct 29 16:22:01 2019 的形式打印当前的时间。

第 8 章 存储过程

存储过程是在数据库中把一些经常使用的 SQL 语句组合在一起,经过编译,再存储在数据库中。使用时,只需要通过存储过程的名称调用即可,这样可以避免开发人员重复编写相同的 SQL 语句,而且可以提高查询数据的速度。

本章主要内容如下:
- 了解存储过程。
- 创建存储过程。
- 调用存储过程。
- 变量的使用及流程控制语句的使用。
- 管理存储过程。

【相关单词】

(1) procedure:存储过程　　(2) declare:声明
(3) parameter:参数　　　　(4) continue:继续
(5) output:输出　　　　　 (6) break:中断

8.1 了解存储过程

8.1.1 存储过程的概念

存储过程(Stored Procedure)是经常使用的 SQL 语句的组合,这些语句经过编译后以一个名称存储在数据库中,这样就可以避免开发人员重复地编写相同的 SQL 语句。另外,存储过程是在 MySQL 服务器中存储和执行的,可以减少客户端和服务器端的数据传输。

因为在存储过程创建时,数据库已经对其进行了一次解析和优化,存储过程一旦执行,在内存中就会保留这个存储过程,这样下次再执行同样的存储过程时就可以从内存中直接调用。所以当调用一个行数不多的存储过程时,与直接调用 SQL 语句的网络通信量可能不会有太大的差别,但是如果存储过程由上百行 SQL 语句组成,那么其性能比一条一条调用 SQL 语句要高得多,执行速度也更快。

8.1.2 存储过程的优缺点

1. 存储过程的优点

(1) 存储过程在创建时进行编译,以后每次调用及执行时不用再重新编译,而一般 SQL 语句每执行一次就需要编译一次,所以使用存储过程可以提高数据库执行速度。

(2) 存储过程创建以后可以重复被调用,从而减少数据库开发人员的工作量。

(3) 当对数据库进行复杂操作时(如对多个表进行增加、删除、修改、查询操作时),可将此复杂操作用存储过程封装起来,与数据库提供的事务处理结合在一起使用。

(4) 安全性较高,可设定指定用户对存储过程的使用权。

2. 存储过程的缺点

(1) 由于存储过程将应用程序绑定到 MySQL,因此使用存储过程封装业务逻辑将限制应用程序的可移植性。

(2) 如果需要更新程序集中的语句以添加参数、更新调用等,这个时候就需要修改存储过程,比较烦琐。

8.2 创建存储过程

8.2.1 使用 T-SQL 语句创建存储过程

在 MySQL 中,创建存储过程的基本语法格式如下:

```
create procedure sp_name([[in|out|inout] param_name type[,...]])
body
```

参数说明如下。

(1) create procedure:用来创建存储过程的关键词。

(2) sp_name:存储过程的名称。

(3) in|out|inout:参数的类型。in 为输入参数;out 为输出参数;inout 既可以表示输入参数,又可以表示输出参数。

(4) param_name:参数的名称。

(5) type:参数的类型,该类型可以是 MySQL 数据库中的任意类型。

(6) body:存储过程体,可以用 begin...end 表示 SQL 语句的开始和结束。

其中,对于存储过程的每个参数,需要声明其参数名、数据类型,还要指定此参数是用于向过程传递信息,还是从过程传回信息,或是既传递信息又传回信息。表示参数传递信息的 3 个关键字的作用如表 8-1 所示。如果仅想把数据传给 MySQL 存储过程,使用 in 类型参数;如果仅从 MySQL 存储过程返回值,使用 out 类型参数;如果需要把数据传给

MySQL 存储过程，还要经过一些计算后再传回，此时，要使用 inout 类型参数。

表 8-1 存储过程参数

参数关键字	含 义
in	只用来向过程传递信息，为默认值
out	只用来从过程传回信息
inout	可以向过程传递信息。如果值改变，可再从过程外调用

【例 8-1】 创建一个无参数的存储过程 stu_gr，查询学生的姓名、系别和成绩信息，SQL 语句如图 8-1 所示。

```
mysql> delimiter &&
mysql> create procedure stu_gr()
    -> begin
    -> select name,department,grade from student,grade
    -> where student.id=grade.stu_id;
    -> end &&
```

图 8-1 查询学生的姓名、系别和成绩信息

说明：在 MySQL 中，默认的语句结束符号为分号";"。但是在创建存储过程时，存储过程体中可能包含多个 SQL 语句，每个 SQL 语句都是以分号为结尾的，这时服务器处理程序时遇到第一个分号就会认为程序结束，所以为了避免冲突，使用"delimiter &&"命令改变存储过程的结束符，并以"end &&"结束存储过程。存储过程定义完毕之后，再使用"delimiter ;"恢复默认结束符。结束符号可以是"＃＃""＄＄"等其他符号。

8.2.2 调用存储过程

MySQL 中使用 call 语句调用存储过程。调用存储过程后，数据库系统将执行存储过程中的语句，然后将结果返回给输出值。

存储过程通过 call 语句进行调用的语法格式如下：

```
call sp_name([parameter[,...]]);
```

其中，sp_name 是存储过程的名称；parameter 是存储过程的参数。

调用例 8-1 的存储过程，SQL 语句如图 8-2 所示。

【例 8-2】 创建一个带有输入参数的存储过程 stu_gr2，根据指定的学号，查询这个学号对应学生的姓名、系别和成绩，并调用该存储过程查看结果。创建存储过程的 SQL 语句如图 8-3 所示。

调用这个存储过程，SQL 语句及执行结果如图 8-4 所示。

```
mysql> call stu_gr;
```

name	department	grade
张勇	计算机系	98
张勇	计算机系	80
李涛	电子系	65
李涛	电子系	88
张小天	汽车系	95
陈丽	汽车系	59
陈丽	汽车系	92
李欣	计算机系	76
李欣	计算机系	66
李欣	计算机系	NULL

图 8-2 调用例 8-1 的存储过程

```
mysql> create procedure stu_gr2(in xh int)
    -> begin
    -> select name,department,grade from student,grade
    -> where student.id=grade.stu_id and id=xh;
    -> end &&
```

图 8-3　创建存储过程

```
mysql> delimiter ;
mysql> call stu_gr2(20190201);
+------+------------+-------+
| name | department | grade |
+------+------------+-------+
| 张勇 | 计算机系   |    98 |
| 张勇 | 计算机系   |    80 |
+------+------------+-------+
```

图 8-4　调用存储过程

【例 8-3】 创建一个带有输入参数和输出参数的存储过程 stu_gr3，根据指定的学号查询对应学生的计算机专业课成绩，并调用该存储过程查看结果，SQL 语句如图 8-5 所示。

```
mysql> delimiter &&
mysql> create procedure stu_gr3(in xh int,out cj int)
    -> begin
    -> select grade into cj from grade
    -> where stu_id=xh and c_name='计算机';
    -> end &&
```

图 8-5　查询学生的计算机专业课成绩并调用存储过程

其中，xh 为输入参数，接收输入的学号；cj 为输出参数，被赋值为指定学号对应的计算机专业课成绩。

调用这个存储过程，SQL 语句及执行结果如图 8-6 所示。

调用完存储过程 stu_gr3 后，指定学号同学的计算机成绩已经保存在变量 cj 中，可以查看变量的值。SQL 语句及执行结果如图 8-7 所示。

```
mysql> call  stu_gr3(20190201,@cj);
```

图 8-6　调用存储过程的语句

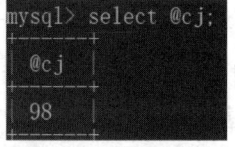

图 8-7　查看变量的值

注意： 对于任何声明为 out 或 inout 的参数，当调用存储过程时需要在参数名前加上 "@" 符号，这样该参数就可以在过程外调用了。

8.2.3　查看存储过程

存储过程在创建以后，用户可以查看存储过程的状态和定义，下面讲解查看存储过程的状态和定义的方法。

(1) MySQL 可以通过 show status 语句查看存储过程状态信息,基本语法格式如下:

show procedure status [like 'pattern'];

其中,参数 [like 'pattern'] 表示查询的存储过程名称。

【例 8-4】 查看存储过程 stu_gr 的基本信息,SQL 语句及输出结果如图 8-8 所示。

```
mysql> show procedure status like 'stu_gr'\G;
*************************** 1. row ***********
            Db: date
          Name: stu_gr
          Type: PROCEDURE
       Definer: root@localhost
      Modified: 2019-10-18 16:53:42
       Created: 2019-10-18 16:53:42
 Security_type: DEFINER
       Comment:
1 row in set (0.01 sec)
```

图 8-8 查看存储过程 stu_gr 的基本信息

查询结果显示了存储过程的创建时间、修改时间和字符集等信息,在语句后面加"\G",显示的信息会比较有条理。

(2) 在 MySQL 中可以通过 show create 语句查看存储过程的定义状态,基本语法格式如下:

show create procedure stu_gr;

其中,参数 stu_gr 表示查询的存储过程名称。

【例 8-5】 查看存储过程 stu_gr 的定义信息。

show create procedure stu_gr;

SQL 语句及输出结果如图 8-9 所示。

```
mysql> show create procedure stu_gr\G;
*************************** 1. row ***************************
       Procedure: stu_gr
        sql_mode: NO_AUTO_CREATE_USER
Create Procedure: CREATE DEFINER=`root`@`localhost` PROCEDURE `stu_gr`()
begin
select name,department,grade from student,grade
where student.id=grade.stu_id;
end
1 row in set (0.00 sec)

ERROR:
No query specified
```

图 8-9 查看存储过程 stu_gr 的定义信息

8.3 局部变量的使用

在存储过程中可以定义和使用变量。变量是一种语言中必不可少的组成部分，它是语句传递数据的方式之一。用户可以使用 declare 关键字定义局部变量。在声明局部变量的同时也可以对其赋一个初始值。这些局部变量的作用范围局限在 begin…end 程序段中。

（1）在 MySQL 中可以通过 declare 关键字定义局部变量，语法格式如下：

declare var_name [,…] type [default value];

其中，declare 关键字用来声明变量；参数 var_name 是变量的名称，这里可以同时定义多个变量；参数 type 用来指定变量的类型；default value 子句将变量默认值设置为 value，没有使用 default 子句时的默认值为 null。

【例 8-6】 定义变量 ht_xh，数据类型为 int 型，默认值为 8。语句如下：

declare ht_xh int default 8;

（2）为局部变量赋值。定义局部变量之后，在 MySQL 中可以使用关键字 set 为变量赋值。set 语句的基本语法格式如下：

set var_name=expr [, var_name=expr]…;

【例 8-7】 为例 8-6 中的变量 ht_xh 赋值为 20，语句如下：

set ht_xh=20;

（3）在 MySQL 中还可以使用 select…into 语句为一个或多个变量赋值，其基本语法格式如下：

select col_name[,…] into var_name[,…] from tb_name where condition

其中，参数 col_name 表示查询字段的名称；参数 var_name 是变量的名称；参数 tb_name 指表的名称；参数 condition 指查询条件。

【例 8-8】 查询指定学号对应的计算机专业课成绩，并将计算机专业课成绩保存在一个变量中，SQL 语句如图 8-10 所示。

```
mysql> delimiter &&
mysql> create procedure gr_com(in xh int)
    -> begin
    -> declare cg int;
    -> select grade into cg from grade
    -> where stu_id=xh and c_name='计算机';
    -> end &&
```

图 8-10 查询指定学号对应的计算机专业课成绩并保存在一个变量中

因为例 8-8 中定义的变量 cg 是一个局部变量，所以可以在存储过程末尾进行显示，如图 8-11 所示。

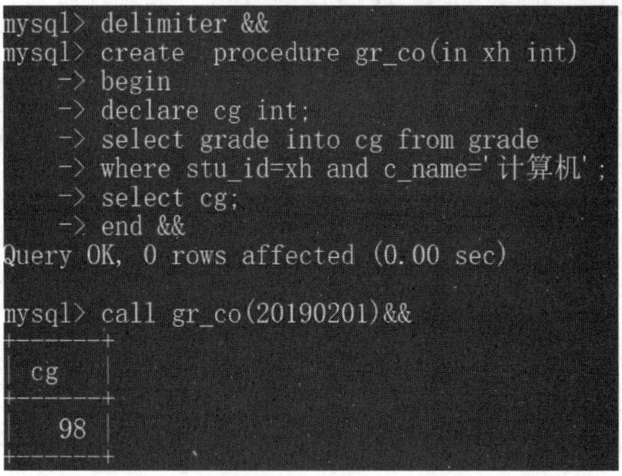

```
mysql> delimiter &&
mysql> create  procedure gr_co(in xh int)
    -> begin
    -> declare cg int;
    -> select grade into cg from grade
    -> where stu_id=xh and c_name='计算机';
    -> select cg;
    -> end &&
Query OK, 0 rows affected (0.00 sec)

mysql> call gr_co(20190201)&&
+------+
| cg   |
+------+
|   98 |
+------+
```

图 8-11　在存储过程末尾显示变量 cg

8.4　流程控制语句

存储过程体可以使用各种流程控制语句。MySQL 常用的流程控制语句包括：if...else 语句、while 循环语句、loop 语句、repeat 语句、case 语句、leave 语句和 iterate 语句。

8.4.1　if...else 语句

if...else 语句是条件判断语句，如果满足条件，则在 if 关键字及其条件之后执行 T-SQL语句，否则执行 else 关键字后的 T-SQL 语句。其中，else 关键字是可选的。其语法格式如下：

```
if erpr_condition then statement_list
  [elseif erpr_condition then statement_list]...
  [else statement_list]
end if
```

可以在其他 if 之后或在 else 下面嵌套另一个 if 语句。

【**例 8-9**】　查询某个学生的计算机专业课成绩，如果成绩大于 60 分，显示"及格"；如果成绩小于 60 分，显示"不及格"。SQL 语句如图 8-12 所示。

调用这个存储过程，结果如图 8-13 所示。

```
mysql> create procedure grade_jg()
    -> begin
    ->   declare com_grade int;
    ->   select grade into com_grade from grade where
    ->   c_name='计算机' and stu_id=20190201;
    ->   if com_grade >=60  then
    ->     select '及格' as 成绩;
    ->   else
    ->     select '不及格' as 成绩;
    ->   end if;
    -> end &&
```

图 8-12　查询某个学生的计算机专业课成绩

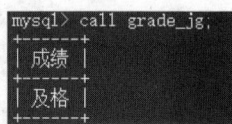

图 8-13　调用存储过程

8.4.2　while 循环语句

while 循环语句可以根据某些条件重复执行一条 SQL 语句或一个语句块。只要指定的条件为真,就一直重复执行语句。可以使用 break 和 continue 关键字在循环内部控制 while 语句的执行,其语法格式如下：

```
while expr_condition do
    statement_list
end while
```

break 导致从最内层的 while 循环中退出,执行出现在 end 关键字(循环结束的标记)后面的任何语句。continue 使 while 循环重新开始执行,忽略 continue 关键字后面的所有语句。

【例 8-10】如果各门课程的学分总和小于 18 分,则利用 while 循环将各科学分加 1 并显示最终的学分情况。SQL 语句如图 8-14 所示。

```
mysql> create procedure updatesc()
    -> begin
    ->   while(select sum(cs_sc) from course)<18
    ->   do
    ->     update course set cs_sc=cs_sc+1;
    ->   end while;
    -> end &&
```

图 8-14　利用 while 循环将各科学分加 1 并显示最终的学分情况

调用存储过程之前,学分总和为 12 分,语句及以上 SQL 语句执行后的效果如图 8-15 所示。

调用存储过程之后学分发生了变化,SQL 语句及执行结果如图 8-16 所示。

8.4.3　case 表达式

case 表达式可以计算多个条件表达式,并返回符合条件的结果表达式。case 表达式有两种格式。

- case 简单表达式：将某个表达式与一组简单表达式进行比较以确定结果。
- case 搜索表达式：计算一组布尔表达式以确定结果。

```
mysql> select sum(cs_sc) from course;
+------------+
| sum(cs_sc) |
+------------+
|         12 |
+------------+
1 row in set (0.00 sec)

mysql> select * from course;
+-------+----------+-------+-------+
| cs_id | cs_nm    | cs_tm | cs_sc |
+-------+----------+-------+-------+
| 1001  | 中文     |    64 |     2 |
| 1002  | 英语     |    80 |     4 |
| 1003  | 计算机   |    80 |     4 |
| 1004  | 职业规划 |    64 |     2 |
+-------+----------+-------+-------+
```

图 8-15 调用存储过程之前的学分总和为 12 分

```
mysql> call updatesc;
Query OK, 0 rows affected (0.00 sec)

mysql> select sum(cs_sc) from course;
+------------+
| sum(cs_sc) |
+------------+
|         20 |
+------------+
1 row in set (0.00 sec)

mysql> select * from course;
+-------+----------+-------+-------+
| cs_id | cs_nm    | cs_tm | cs_sc |
+-------+----------+-------+-------+
| 1001  | 中文     |    64 |     4 |
| 1002  | 英语     |    80 |     6 |
| 1003  | 计算机   |    80 |     6 |
| 1004  | 职业规划 |    64 |     4 |
+-------+----------+-------+-------+
```

图 8-16 调用存储过程之后学分发生了变化

允许有效表达式的任何语句或子句使用 case。例如，可以在 select、update、delete 和 set 等语句以及 select_list、in、where、order by 和 having 等子句中使用 case。

1. case 简单表达式

case 简单表达式的语法格式如下：

```
case case_expr
when when_value then statement_list
  [when when_value then statement_list]...
  [else statement_list]
end
```

这种 case 表达式的工作方式如下：将输入表达式与每个 when 子句中的表达式进行比较，以确定它们是否相等。如果这些表达式相等，将返回 then 子句中的结果表达式。表达式计算结果都不为 true，则返回 else 子句后面的结果表达式；若没有指定 else 子句，则返回 null 值。

【例 8-11】 依据课程号判断该门课程的学分，SQL 语句及执行结果如图 8-17 所示。

```
mysql> select cs_id as 课程号,cs_nm as 课程名称,
    ->   case cs_id
    ->     when '1001' then '2'
    ->     when '1002' then '4'
    ->     when '1003' then '4'
    ->     when '1004' then '2'
    ->     else '新课程'
    ->   end as 学分
    -> from course;
+--------+----------+------+
| 课程号 | 课程名称 | 学分 |
+--------+----------+------+
| 1001   | 中文     | 2    |
| 1002   | 英语     | 4    |
| 1003   | 计算机   | 4    |
| 1004   | 职业规划 | 2    |
+--------+----------+------+
4 rows in set (0.01 sec)
```

图 8-17 依据课程号判断该门课程的学分

例8-11中,每门课程有具体的课程号,那么在when子句后面只需要列出具体的值就可以了。

2. case 搜索表达式

case 搜索表达式的语法格式如下:

```
case when expr_condition then statement_list[when expr_condition then statement_list]...[else statement_list] end case
```

搜索表达式的工作方式如下:按指定顺序对每个when子句的布尔表达式进行计算,返回布尔表达式的第一个计算结果为true的结果表达式。如果布尔表达式计算结果不为true,则返回else子句后的结果表达式;若没有指定else子句,则返回null值。

在select语句中,case搜索表达式允许根据比较值替换结果集中的值。

【例8-12】 判断学生的成绩是否及格,SQL语句及执行结果如图8-18所示。

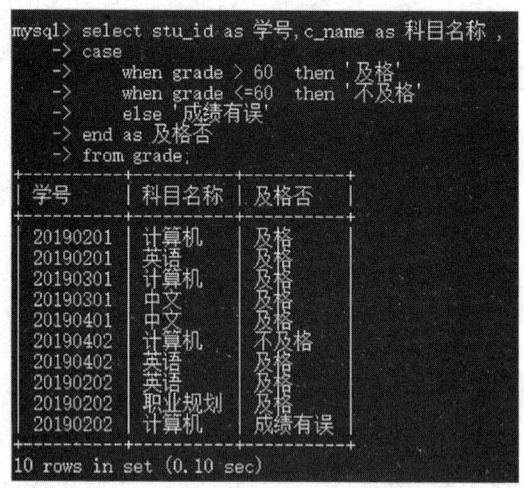

图8-18 判断学生的成绩是否及格

本例中成绩是否及格,必须与60分进行比较,而不是一个具体的值,所以when后面必须采用表达式来判断成绩是否及格。

8.5 管理存储过程

8.5.1 修改存储过程

修改存储过程是指修改已经定义好的存储过程。MySQL中通过alter procedure语句修改存储过程。具体语法格式如下:

```
alter procedure sp_name [characteristic ...]
```

其中，characteristic 为{contains SQL|no SQL|reads SQL data|modifies SQL data}|SQL security|{definer|invoker }|comment 'string'。

参数 sp_name 表示存储过程的名称；参数 characteristic 指定存储过程的特性。contains SQL 表示子程序包含 SQL 语句，但不包含读或写数据的语句；no SQL 表示子程序中不包含 SQL 语句；reads SQL data 表示子程序中包含读数据的语句；modifies SQL data 表示子程序中包含写数据的语句；SQL security|{definer|invoker}指明谁有权限来执行，definer 表示只有定义者自己才能够执行，invoker 表示调用者可以执行；comment 'string'是注释信息。

【例 8-13】 修改存储过程 grade_jg 的定义，将读写权限改为 modifies SQL data，并指明调用者可以执行。以上 SQL 语句执行后的效果如图 8-19 所示。

```
mysql> alter procedure grade_jg
    -> modifies sql data
    -> sql security invoker;
Query OK, 0 rows affected (0.06 sec)
```

图 8-19　修改存储过程 grade_jg 的定义

执行语句后，修改后的信息如图 8-20 所示。

```
mysql> select specific_name, sql_data_access, security_type
    -> from information_schema.Routines where routine_name='grade_jg';
+---------------+-------------------+---------------+
| specific_name | sql_data_access   | security_type |
+---------------+-------------------+---------------+
| grade_jg      | MODIFIES SQL DATA | INVOKER       |
+---------------+-------------------+---------------+
```

图 8-20　修改后的信息

8.5.2　删除存储过程

如果想要删除已经创建好的存储过程，MySQL 可以使用 drop procedure 语句，具体的语法格式如下：

```
drop procedure sp_name;
```

其中，参数 sp_name 表示存储过程的名称。

【例 8-14】 删除存储过程 grade_jg，SQL 语句如图 8-21 所示。

```
mysql> drop procedure grade_jg;
```

图 8-21　删除存储过程 grade_jg

8.6 小　　结

本章主要介绍了 MySQL 数据库中存储过程的定义和作用,存储过程创建、调用的方法,以及局部变量的使用,存储过程中基本流程控制语句的使用。本章是难度较大的一章,需要读者结合实际的项目需求,思考如何创建存储过程、变量及掌握流程控制的使用方法。

8.7 习　　题

department 表和 employee 表见表 5-3 和表 5-4。

(1) 在 employee 表和 department 表的基础上创建一个存储过程,查询人事部员工的基本信息。

(2) 在 employee 表和 department 表的基础上创建一个存储过程,根据给定的部门号,查询这个部门员工的平均工资。

(3) 在本章例题所用数据库的基础上创建一个存储过程,根据给定的学号,判断这个学号对应学生的英语成绩是不及格(小于 60 分)、及格(60~80 分)、良好(80~90 分)还是优秀(90 分以上)。

第 9 章 触 发 器

数据库触发器(trigger)是一种特殊的存储过程,它在对特定表中的数据进行插入、删除或修改时触发执行,可以实现一般约束(unique、default 等)和无法完成的复杂约束,从而实现更为复杂的完整性要求。

本章主要内容如下:
- 认识和创建触发器。
- 查看触发器。
- 删除触发器。

【相关单词】

(1) trigger:触发器   (2) even:事件
(3) each:每个,各自   (4) definer:定义者
(5) statement:说明,清单 (6) row:一行,一列

9.1 认识触发器

一般的存储过程通过存储过程名称被直接调用,而触发器这种特殊的存储过程主要是通过当某个事件发生时自动被触发执行。当在数据表中插入记录、修改记录或者删除记录时,MySQL 就会自动执行触发器所定义的 SQL 语句,从而确保对数据的处理符合由这些 SQL 语句所定义的规则。触发器基于一个表创建,一张表最多可以创建 6 个触发器。

9.2 创建触发器

创建触发器的基本语法格式如下:

```
create trigger trigger_name before|after trigger_even on table_name for each row
begin
    routine_body
```

end

参数说明如下。

(1) trigger_name：触发器的名称(命名最好见名知意)。

(2) before|after：触发器执行的时间，before 指在触发事件之前执行触发语句，after 表示触发事件之后执行触发语句。

(3) trigger_even：触发的条件，当有 insert、update、delete 操作时，触发器被触发。

(4) table_name：指触发事件操作的表的名称。

(5) for each row：任何一条记录上的操作满足触发事件都会触发该触发器。

(6) routine_body：触发器被触发时要执行的触发语句。

9.2.1 创建触发其他表数据更新的触发器

【例 9-1】 创建触发器，当某位同学转学或者退学后删除 student 表中相关记录时，与之对应 grade 表中的记录也要修改。SQL 语句如图 9-1 所示。

图 9-1 创建触发器

说明：old 表示 delete 操作发生之前的表，对应的还有 new，表示 insert 等操作执行之后的新表。我们要理解触发器不会产生 new 表和 old 表，所谓 new、old 只是指在执行 insert、delete、update 操作之前的表和执行之后的表，其实都是触发器所在的表。

【例 9-2】 触发器创建好了，下面来删除 student 表中学号为 20190202 的同学的信息。触发器应该被触发执行，对应 grade 表中 20190202 学号同学的相关成绩也应该被触发删除。SQL 语句及执行结果如图 9-2 所示。

图 9-2 删除 student 表中学号为 20190202 的同学的信息

9.2.2 创建触发自表数据更新的触发器

【例 9-3】 在 course 表中创建触发器,当修改某门课程的学时时,每增加 12 学时,对应学分自动增加 1 个学分。SQL 语句如图 9-3 所示。

```
mysql> delimiter &&
mysql> create trigger credit_update before update on course
    -> for each row
    -> begin
    -> if new.cs_tm-old.cs_tm=12 then
    -> set new.cs_sc=old.cs_sc+1;
    -> end if;
    -> end &&
Query OK, 0 rows affected (0.04 sec)
```

图 9-3 在 course 表中创建触发器

触发器创建完成后,当在 course 表中执行 update 操作时,把课程号为 1001 的课程的学时增加 12,触发器被触发,可以看到 course 表中 1001 课程的学分自动加 1,如图 9-4 所示。

```
mysql> update course set cs_tm=cs_tm+12 where cs_id=1001;
Query OK, 1 row affected (0.07 sec)
Rows matched: 1  Changed: 1  Warnings: 0

mysql> select * from course;
+-------+--------+-------+-------+
| cs_id | cs_nm  | cs_tm | cs_sc |
+-------+--------+-------+-------+
| 1001  | 中文    | 78    | 3     |
| 1002  | 英语    | 80    | 4     |
| 1003  | 计算机  | 80    | 4     |
| 1004  | 职业规划 | 66    | 2     |
+-------+--------+-------+-------+
4 rows in set (0.00 sec)
```

图 9-4 course 表中 1001 课程的学分自动加 1

9.3 查看触发器

1. show triggers 语句

MySQL 可以执行 show triggers 语句查看触发器的基本信息,基本语法格式如下:

show triggers;

【例 9-4】 某次创建触发器后执行 show triggers 命令,结果如图 9-5 所示。

Trigger:表示触发器的名称。

Event:表示激活触发器的事件。这里的触发事件为插入操作(insert)、更新操作(update)或删除操作(delete)。

Table:表示激活触发器的对象表。

```
mysql> show triggers\G;
*************************** 1. row ***************************
             Trigger: update_stu
               Event: UPDATE
               Table: student
           Statement: begin
update grade set stu_id = new.id where stu_id = old.id;
end
              Timing: AFTER
             Created: NULL
            sql_mode: NO_AUTO_CREATE_USER,NO_ENGINE_SUBSTITUTION
             Definer: root@localhost
*************************** 2. row ***************************
             Trigger: delete_stu
               Event: DELETE
               Table: student
           Statement: begin
delete from grade where stu_id = old.id;
end
              Timing: AFTER
             Created: NULL
            sql_mode: NO_AUTO_CREATE_USER,NO_ENGINE_SUBSTITUTION
             Definer: root@localhost
2 rows in set (0.00 sec)
```

图 9-5 执行 show triggers 命令

Timing：表示触发器触发的时间，指操作之前或操作之后。

Statement：表示触发器执行的操作，还有一些其他信息，比如 SQL 模式、触发器的定义账户和字符集等。

2. 在 triggers 表中查看触发器信息

MySQL 中所有触发器的定义都存放在 information_schema 数据库的 triggers 表中，可以通过查询命令 select 查看 triggers 表中所有触发器的详细信息，基本语法格式如下：

`select * from information_schema.triggers;`

【例 9-5】 用 select 语句查询 triggers 表中的信息，SQL 语句执行后的效果如图 9-6 所示。

```
mysql> select * from information_schema.triggers \G;
*************************** 1. row ***************************
           TRIGGER_CATALOG: NULL
            TRIGGER_SCHEMA: xs
              TRIGGER_NAME: gh4
        EVENT_MANIPULATION: DELETE
      EVENT_OBJECT_CATALOG: NULL
       EVENT_OBJECT_SCHEMA: xs
        EVENT_OBJECT_TABLE: student
              ACTION_ORDER: 0
          ACTION_CONDITION: NULL
          ACTION_STATEMENT: delete from score where stu_id= old.id
        ACTION_ORIENTATION: ROW
             ACTION_TIMING: AFTER
ACTION_REFERENCE_OLD_TABLE: NULL
ACTION_REFERENCE_NEW_TABLE: NULL
  ACTION_REFERENCE_OLD_ROW: OLD
  ACTION_REFERENCE_NEW_ROW: NEW
                   CREATED: NULL
                  SQL_MODE: NO_AUTO_CREATE_USER,NO_ENGINE_SUBSTITUTION
                   DEFINER: root@localhost
```

图 9-6 用 select 语句查询 triggers 表中的信息

9.4 删除触发器

MySQL 中使用 drop trigger 语句删除已经存在的触发器。删除触发器语句的基本语法格式如下：

drop trigger [db_name.] trigger_name;

其中，db_name 是数据库的名称，是可选的；trigger_name 是触发器的名称。

【例 9-6】 删除例 9-1 中建立的触发器 credit_update。

mysql> drop trigger credit_update;

9.5 小 结

本章介绍的触发器是一种特殊的存储过程，不需要调用，而会被自动触发执行。本章重点介绍了触发器的创建和使用，以及如何查看触发器，如何删除触发器。应理解触发事件（insert、update、delete），以及触发器的执行顺序是 before 还是 after。要在实际需求的基础上理解和设计触发器。

9.6 习 题

department 表和 employee 表见表 5-3 和表 5-4。

（1）在 employee 表和 department 表的基础上创建触发器，当某个部门被解散且部门信息被删除后，这个部门相对应的员工也被删除。

（2）在 employee 表和 department 表的基础上，每增加一个员工，重新计算一次该部门的员工数。

（3）删除上面创建的两个触发器。

第 10 章 索 引

索引是数据库中用来加快查询数据速度的一种特殊的数据结构,是提高数据库性能的重要方式,类似于字典中的目录。查找字典内容时可以根据目录查找到数据的存放位置,然后直接获取即可。MySQL 中的所有数据类型都可以被索引。

本章主要内容如下:
- 理解索引的概念。
- 理解索引的分类。
- 掌握创建索引的方法。
- 掌握删除索引的方法。

【相关单词】

(1) index:索引 (2) check:检查
(3) unique:唯一 (4) spatial:空间的
(5) option:选项

10.1 索 引 概 述

10.1.1 索引的概念

索引是在表中创建并通过对指定的字段进行排序的一种结构,其作用与目录在书籍中的作用类似,主要作用是提高查找信息的速度。索引的建立是不可见的,但是其作用可以从数据的检索效率中体现出来。MySQL 索引的建立对于 MySQL 的高效运行非常重要,索引可以大大提高 MySQL 的检索速度。

索引的工作原理如下:通过对指定的字段进行排序,并记录该字段所在列中每个值的存储位置。在数据库中查找数据时,索引会根据搜索对象获得相关列的存储位置,然后直接在其存储位置查找所需信息,这样会比常规的全表扫描的搜索方式更加节省时间。例如有一张 person 表,其中有 2 万条记录,记录着 2 万个人的信息。有一个 phone 的字段记录每个人的电话号码,现在想要查询出电话号码尾号为 7639 的人的信息。如果没有索引,那么将从表中第一条记录一条条往下遍历,直到找到相应信息为止。如果有了索引,就可以将该 phone 字段通过一定的方法进行存储,在查询该字段的信息时能够快速找到对应的数据,而不必逐条遍历2万条数据了。

10.1.2　索引的优缺点

1. 索引的优点

索引可以提高检索的效率,提升数据库的性能,具有以下优点。

(1) 所有的MySQL列类型(字段类型)都可以被索引,也就是可以给任意字段设置索引。

(2) 有效提升检索数据的效率。

2. 索引的缺点

虽然索引可以大大加快检索的速度,但索引也有一些缺点。

(1) 创建索引和维护索引需耗费时间,并且随着数据量的增加,所耗费的时间也会增加。

(2) 索引需要占用物理空间。我们知道数据表中的数据会有最大上限设置,如果有大量的索引,索引文件可能会比数据文件更快达到上限值。

(3) 当对表中的数据进行增加、删除、修改时,索引也需要动态地维护,增加了系统的开销。

10.1.3　索引的使用原则

从索引的优点和缺点能够看出,索引可以大大提高查询速度,但并不是每个字段都需要设置索引,也不是索引越多越好,而应根据需要合理使用。以下几点应引起重视。

(1) 对经常更新的表应避免对其进行过多的索引,对经常用于查询的字段应该创建索引。

(2) 数据量小的表最好不要使用索引,因为由于数据较少,可能查询全部数据花费的时间比遍历索引的时间还要短,索引可能不会产生优化效果。

(3) 在一个相同值较多的列上(字段上)不要建立索引,比如在学生表的"性别"字段上只有男、女两个不同值;相反,在一个不同值较多的字段上可以建立索引。

10.2　索引的分类

MySQL的索引包括单列索引、普通索引、唯一索引、主键索引、多列索引、全文索引和空间索引等。

(1) 单列索引:一个索引只包含单个列,但一个表中可以有多个单列索引。

(2) 普通索引:在创建索引时无须附加任何条件。这类索引适用于所有数据类型,其值是否唯一和非空,由字段本身的完整性约束条件决定。例如,在 test 表的 class 字段上建立一个普通索引,查询记录时,就可以根据该字段中的值进行快速查询。

(3) 唯一索引:使用 UNIQUE 参数可以设置该索引为唯一索引。建立唯一索引后,该字段中的值必须是唯一的。例如,对 test 表的 name 字段建立唯一索引后,就无法对 test 表插入相同姓名同学的记录,所以唯一索引通常建立在唯一性较强的字段上,如学号、准考证号等。通过唯一索引可以更快速地查找记录。

(4) 主键索引:这是一种特殊的唯一索引,不允许有空值。

(5) 多列索引:在表中的多个字段组合上创建的索引,只有在查询条件中使用了这些字段的左边字段时索引才会被使用。使用多列索引时遵循最左前缀集合的原则。

(6) 全文索引:只有在 MyISAM 引擎上才能使用,只能在 char、varchar、text 类型字段上使用全文索引。全文索引是在一堆文字中通过其中的某个关键字找到该字段所属的记录行。

(7) 空间索引:是对空间数据类型的字段建立的索引。MySQL 中的空间数据类型有 4 种,即 geometry、point、linestring、polygon。

10.3 创建索引

10.3.1 在创建表时创建索引

MySQL 中创建普通索引的语法格式如下:

```
creat table 表名(字段名 数据类型,
    ...
    字段名 数据类型,
    index 索引名(索引字段)
)
```

此语法适用于创建表时建立索引,需要先将表中所需字段及相应数据类型依次写出。最后一行对指定字段建立索引,该字段称为索引字段。该语法中的索引名是用来给创建的索引取的新名称,有利于后续对索引的管理。

【例 10-1】 创建一个表名为 student 的表,并且对表中的 id 字段建立索引。SQL 语句如下:

```
create table student(id int,
    name varchar(20),
    sex varchar(4),
    index student_id(id)
);
```

创建唯一索引的语法格式如下:

```
create table 表名(字段名 数据类型,
    …
    字段名 数据类型,
    unique index 索引名(字段名)
);
```

唯一索引的创建与普通索引的创建类似,其区别就在于创建索引时需要使用 unique 参数进行约束。

【例 10-2】 创建一个表名为 student2 的表,并且在表中的 id 字段建立名为 student2_id 的索引。SQL 语句如下:

```
create table student2(id int,
    name varchar(20),
    sex varchar(4),
    unique index student2_name(id)
);
```

语句执行结果如图 10-1 所示。

图 10-1 在创建表时创建索引

注意:索引创建好以后,是占用实际的物理存储空间的,它不能像存储过程和触发器一样被调用。当有查询发生时,MySQL 数据库会自动检查要查找的数据列上有没有创建索引,从而按照索引进行快速查找。

10.3.2 在已经存在的表中建立索引

1. 用 create 语句建立索引

(1)普通索引语法

```
create index 索引名 on 表名(索引字段);
```

例如,在 test 表中的 id 字段上建立名为 test_id 的索引,SQL 代码如下:

```
create index test_id on test(id);
```

(2)唯一索引语法

```
create unique index 索引名 ON 表名(username(length));
```

例如,在 test 表中的 id 字段上建立名为 test_id 的唯一索引,SQL 代码如下:

```
create unique index test_id on test(id);
```

2. 用 alter table 语句建立索引

(1) 普通索引语法

```
alter table 表名 add index 索引名(索引字段);
```

例如,在 test 表中的 id 字段建立名为 test_id 的索引,SQL 代码如下:

```
alter table test add index test_id (id);
```

(2) 唯一索引语法

```
alter table 表名 add unique index 索引名(索引字段);
```

若需要显示索引时,可以使用 show index 命令列出表中相关的索引信息。可以通过添加"\G"格式化输出信息。

具体语法格式如下:

```
mysql> show index from table_name; \G
```

注意:如果是 char、varchar 类型,length 可以小于字段实际长度;如果是 blob 和 text 类型,必须指定 length。

10.4 删除索引

删除索引是指将表中的索引删除。一些不常用或不再使用的索引会降低表的更新速度,影响数据库的性能,对于这样的索引应该删除。

在 MySQL 中使用 dorp 语句删除索引:

```
drop index 索引名 on 表名;
```

例如,删除 test 表中索引名为 test_id 的索引,SQL 代码如下:

```
drop index test_id on test;
```

10.5 小　　结

本章讲解了索引的相关内容。索引是对数据库表中一列或多列的值进行排序的一种结构,使用索引可快速访问数据库表中的特定信息,它可以大大提高数据检索效率,减少数据查询所花费的时间。本章重点在于了解索引的优点和创建索引的方法,要能够针对不同类型的索引完成创建。数据库改善查询性能的最好方式,就是在数据库中合理地使用索引。

10.6 习　　题

1. 索引的优缺点各有哪些？
2. 索引建得越多越好吗？
3. 为表 4-6 的 student 表创建索引。
（1）在 id 字段创建名为 ind_id 的索引。
（2）在 id 字段创建名为 ind_id 的唯一索引。
（3）删除上面创建的两个索引。

第 11 章 视 图

视图是从数据库的一个或多个表中导出来的表,是虚拟的表。视图本身不占用存储空间。视图为用户提供了一种方式,即视图只展示用户感兴趣的字段,而屏蔽其他字段,这样既可以使用户的操作更方便,又可以保障数据库系统的安全性。

本章主要内容如下:
- 理解视图的概况。
- 掌握视图的操作。
- 理解视图的应用。
- 了解视图的限制。

【相关单词】

(1) view:视图　　　　　　(2) algorithm:视图算法
(3) undefined:未定义的　　(4) temptable:序列
(5) merge:合并算法

11.1 视图概述

11.1.1 视图的定义

视图(view)是一种有结构(有行有列)但没有结果(结构中不真实存放数据)的虚拟表。虚拟表的结构来源不是自己定义的,而是从对应的基表(视图的数据来源)中产生用来查看数据的窗口。举个例子,小明有个问题,但他不知道答案,于是去请教小红,小红也不知道答案,但她知道小张知道答案的所在地,然后小明又去请教小张。注意,小张也不会解答,但他知道答案的所在地。在这里,小红就是视图,而小张就是模板,"所在地"就是数据库。和数据一样,每次需要查找这张表中的一条信息,就需要写出很长的一条命令,而视图的作用就是不再需要使用一条长命令去查看,而只需要看视图就可以了。所以视图只是一张虚拟的表,本身并不存储数据,它只是按照要求查询出的一种结果,是被单独挑选出来的内容。

其他应了解的相关内容如下。

(1) 视图是虚表,是从一个或几个基本表(或视图)中导出的表,在系统的数据字典中仅存放了视图的定义,不存放视图对应的数据。

(2) 视图是原始数据库中数据的一种变换,是查看表中数据的另外一种方式。可以将视图看成是一个移动的窗口,通过它可以看到自己感兴趣的数据。视图是从一个或多个实际表中获得的,这些表的数据存放在数据库中。那些用于产生视图的表叫作该视图的基表。一个视图也可以从另一个视图中产生。

(3) 视图的定义存在于数据库中,与此定义相关的数据并没有在数据库中再存一份。通过视图看到的数据存放在基表中。

(4) 视图看上去非常像数据库的物理表,对它的操作同任何其他的表一样。当通过视图修改数据时,实际上是在改变基表中的数据;相反的,基表数据的改变也会自动反映到由基表产生的视图中。由于逻辑的原因,有些视图可以修改对应的基表,而有些视图则不能(只能查询)。

11.1.2　视图的作用

视图的作用分为以下几点。

(1) 操作简单性:看到的就是需要的。视图不仅可以简化用户对数据的理解,也可以简化他们的操作。那些被经常使用的查询可以被定义为视图,从而使用户不必为以后的操作每次指定全部的条件。

(2) 数据安全性:通过视图用户只能查询和修改他们所能见到的数据。数据库中的其他数据既看不见也取不到。数据库授权命令可以使每个用户对数据库的检索限制到特定的数据库对象上,但不能授权到数据库特定行和特定列上。

视图的安全性可以防止未授权的用户查看特定的行或者列。使用户只能查看表中特定的行和列的方法如下。

① 在表中增加一个标识用户名的列。
② 建立视图,使用户只能查看标有自己用户名的行。
③ 把视图授权给其他用户。

(3) 逻辑数据独立性:视图可帮助用户屏蔽原有表结构变化带来的影响。

11.1.3　视图的特性

(1) 视图是对若干张基本表的引用,一张虚表用于查询语句执行的结果,不存储具体的数据(基本表数据发生了改变,视图也会跟着改变)。它可以跟基本数据表一样,进行增、删、改、查操作。

(2) 视图可以节省 SQL 语句,将一条复杂的查询语句用视图进行封装,以后可以直接对视图进行操作。

(3) 数据安全。视图操作主要是针对查询,如果对视图结构进行处理,例如删除,并不会影响基表的数据。

(4) 视图往往在大型项目中使用,而且是在多系统中使用,可以对外提供有用的数据,但是隐藏关键(或无用)的数据。

(5) 视图是对外友好型的,不同的视图提供不同的数据,就如同专门对外设计的一样。视图可以更好地进行权限控制。

11.2 视图的操作

1. 选择数据库

在进行视图的操作之前,首先要保证有数据表存在于数据库系统中。

在命令行中登录 MySQL 数据库管理系统。登录成功后选择 school_sys 数据库,语句执行效果如图 11-1 所示,结果显示数据库选择成功。

```
mysql> use school_sys;
Database changed
mysql>
```

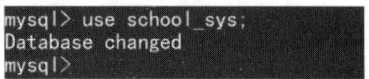

图 11-1 选择数据库

2. 创建数据表

执行 create table 语句创建 student、class 表,SQL 语句如图 11-2 和图 11-3 所示。

```
mysql> create table student(id int(10) not null unique primary key,
    -> name varchar(20) not null,
    -> sex varchar(6) not null,
    -> birth int(4) not null,
    -> department varchar(10),
    -> address varchar(50));
```

图 11-2 创建 student 表

```
mysql> create table class(id int(10) not null unique primary key,
    -> name varchar(20) not null,
    -> sex varchar(6) not null,
    -> birth int(4) not null,
    -> address varchar(50),
    -> tel varchar(30));
```

图 11-3 创建 class 表

执行结果显示,student、class 表创建成功。

3. 向表中插入记录

为了方便后面视图的操作,先向基表中插入相关记录,插入记录使用 insert 语句,SQL 语句如下:

```
insert into student values(20190201,'张勇','男',1998,'计算机系','四川省成都市');
```

```
insert into student values(20190301,'李涛','男',1997,'电子系','四川省德阳市');
insert into student values(20190401,'张小天','女',1999,'汽车系','四川省绵阳市');
insert into student values(20190202,'李欣','男',2000,'计算机系','四川省巴中市');
insert into student values(20190203,'张雯雯','女',2000,'计算机系','四川省达州市');
insert into class values(01,'张勇','男',1997,'外语','A315');
insert into class values(02,'李涛','男',1997,'外语','B115');
insert into class values(03,'张小天','女',1999,'数学','A402');
insert into class values(04,'李欣','男',2000,'计算机','A202');
insert into class values(05,'张雯雯','女',1999,'法学','B215');
```

具体操作如图 11-4 所示。

图 11-4 插入数据记录

11.2.1 创建视图

MySQL 中创建视图的基本语法格式如下：

```
create [algorithm=temptable/merge/undefined] view 视图名 as select 语句;
```

(1) select 语句可以是普通查询，也可以是连接查询、联合查询、子查询等。

(2) algorithm 是指视图算法。所谓视图算法，是指系统对视图以及外部查询视图的 select 语句的一种解析方式。视图算法分为以下三种。

undefined：未定义（默认的），这不是一种实际使用的算法，而是一种"推卸责任"的算法。在未定义的情况下告诉系统，视图没有定义算法，请自己选择。

temptable：临时表算法。系统先执行视图的 select 语句，后执行外部查询语句。

merge：合并算法。系统先将视图对应的 select 语句与外部查询视图的 select 语句进行合并，然后再执行。此算法比较高效，在未定义算法时，经常会默认选择此算法。

此外，视图根据数据的来源可以分为单表视图和多表视图。

- 单表视图：基表只有一个。
- 多表视图：基表至少有两个。

创建单表视图的语句如下：

```
create view my_v1 as select * from student;
create view my_v2 as select * from class;
```

多表视图报错的语句如下：

```
create view my_v3 as select * from student, class;
```

如图 11-5 所示，在创建多表视图时，由于 student 和 class 表中都含有 id 字段，因此导致出现错误"重复列名"，其实就是两张表有相同的字段，但是使用时表字段的名称前没有加表名，导致指代不明，前面加上前缀"表名"就没问题了。

```
mysql> create view my_v1 as select * from student;
Query OK, 0 rows affected (0.01 sec)

mysql> create view my_v2 as select * from class;
Query OK, 0 rows affected (0.00 sec)

mysql> create view my_v3 as
    -> select * from student,class;
ERROR 1060 (42S21): Duplicate column name 'id'
mysql>
```

图 11-5　创建视图

修改上述创建多表视图的 SQL 语句，继续进行测试。

创建多表视图的语句如下：

create view my_v3 as select 表名.字段名 1,表名.字段名 2,表名.字段名 3 from 表名 1,表名 2;

如图 11-6 所示，当删除 class 表中的 id 字段之后，就可以成功创建多表视图了，这是因为当视图的基表有多张时，字段名也不能重复。

```
mysql> create view my_v3 as
    -> select student.id,student.name,student.sex,
    -> student.birth,student.department,student.address,
    -> class.major,class.info
    -> from student,class;
Query OK, 0 rows affected (0.01 sec)

mysql>
```

图 11-6　创建多表视图

11.2.2　查询视图

查询视图是指查看已经存在的视图的结构，而不是查询视图的结果。由于视图是一张虚拟表，因此表的所用查询语句都适用于视图。例如：

desc(describe)+视图名；
show tables+视图名；
show create table+视图名；
show tables status like+'视图名'；　　　　//此处 like 后面匹配的是字符串

查询视图的示例语句如下：

desc my_v1;
show create table my_v1;

以上两条语句的执行效果如图 11-7 所示。

图 11-7　查询视图信息

虽然视图是虚拟表,但它和真正的表至少在关键字上还是有区别的,因此在查询视图创建语句时,可以使用如下 SQL 语句,结果如图 11-8 所示。

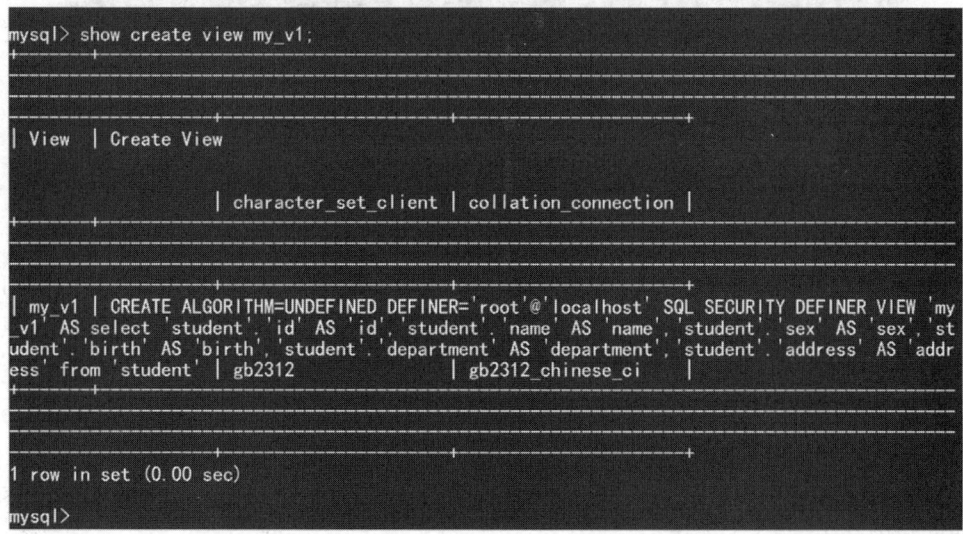

图 11-8　显示视图详细信息

查询视图创建语句的基本语法格式如下：

```
show create view+视图名;          //查看视图详细信息
```

例如：

```
show create view my_v1;
```

此外，视图一旦创建，系统就会在视图对应的数据库文件夹下创建一个对应的 frm 结构文件，以保证结构的完整性。

11.2.3 使用视图

在操作数据库表的过程中使用视图，主要是用于查询，因此将查询视图当作查询表一样使用。在这里需要注意的是，虽然视图是一个虚拟表，不保存数据，但是它却可以获取详细的数据信息。执行查询语句对视图进行测试，如图 11-9 所示。

```
mysql> select * from my_v1;
+----------+--------+-----+-------+------------+--------------+
| id       | name   | sex | birth | department | address      |
+----------+--------+-----+-------+------------+--------------+
| 20190201 | 张勇   | 男  |  1998 | 计算机系   | 四川省成都市 |
| 20190301 | 李涛   | 男  |  1997 | 电子系     | 四川省德阳市 |
| 20190401 | 张小天 | 女  |  1999 | 汽车系     | 四川省绵阳市 |
| 20190402 | 陈丽   | 女  |  1996 | 汽车系     | 四川省绵阳市 |
| 20190202 | 李欣   | 男  |  2000 | 计算机系   | 四川省巴中市 |
| 20190203 | 张雯雯 | 女  |  2000 | 计算机系   | 四川省达州市 |
+----------+--------+-----+-------+------------+--------------+
6 rows in set (0.00 sec)

mysql> select * from my_v2;
+----+--------+-----+-------+--------+------+
| id | name   | sex | birth | major  | info |
+----+--------+-----+-------+--------+------+
|  1 | 张勇   | 男  |  1997 | 外语   | A315 |
|  3 | 张小天 | 女  |  1999 | 数学   | A402 |
|  4 | 李欣   | 男  |  2000 | 计算机 | A202 |
|  5 | 张雯雯 | 女  |  1999 | 法学   | B215 |
|  6 | 贺九   | 男  |  2000 | 哲学   | B217 |
+----+--------+-----+-------+--------+------+
5 rows in set (0.00 sec)

mysql>
```

图 11-9　查询表信息

从图 11-9 可知，查询视图的结果和查询创建视图时 as 后面连接 select 语句的结果完全相同，因此也可以认为，创建视图就是给一条 select 语句起别名，或者说是封装 select 语句。

11.2.4 修改视图

视图本身不可以修改，但是视图的来源(select)语句是可以修改的，因此，修改视图就是修改视图的来源(select)语句。

修改视图基本的语法格式如下：

```
alter view+视图名+as+新的 select 语句;
create or replace view+视图名+as+新的 select 语句;
```

修改视图的语句示例如下：

```
alter view my_v1 as
select id, name, sex, age, address,tel from student;
```

修改视图的效果如图 11-10 所示。

```
mysql> alter view my_v1 as
    -> select id,name,sex,birth,address from student;
Query OK, 0 rows affected (0.01 sec)
```

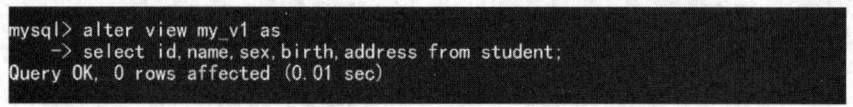

图 11-10　修改视图

11.2.5　删除视图

删除视图的语法和操作都比较简单，基本语法格式如下：

```
drop view+视图名;
```

删除视图 my_v4 的语句示例如下：

```
drop table my_v4;
```

注意：不能用"drop table+视图名"的方式删除视图，如图 11-11 所示，因为 table 包含真实的数据，而 view 只是封装的 select 语句，并不包含真实的数据。虽然删除视图并不会影响数据，但在实际工作中，建议不要随意删除其他用户建立的视图，因为视图封装的 select 语句很有可能包含复杂的业务逻辑。

```
mysql> create view my_v4 as select * from student;
Query OK, 0 rows affected (0.00 sec)

mysql> drop table my_v4;
ERROR 1051 (42S02): Unknown table 'my_v4'
mysql> drop view my_v4;
Query OK, 0 rows affected (0.00 sec)

mysql>
```

图 11-11　删除视图

11.3　视图的应用

11.3.1　通过视图添加数据

视图是一张虚表，但是仍然可以通过视图直接对基表进行添加数据的操作。查询视图 my_v3 表结构的语句示例如下：

desc my_v3;

为多表视图 my_v3 新增数据，语句示例如下：

insert into my_v3 values(20190101,'王麻子','男',1998,'PM3.5','A315');

添加一条数据记录的效果如图 11-12 所示。

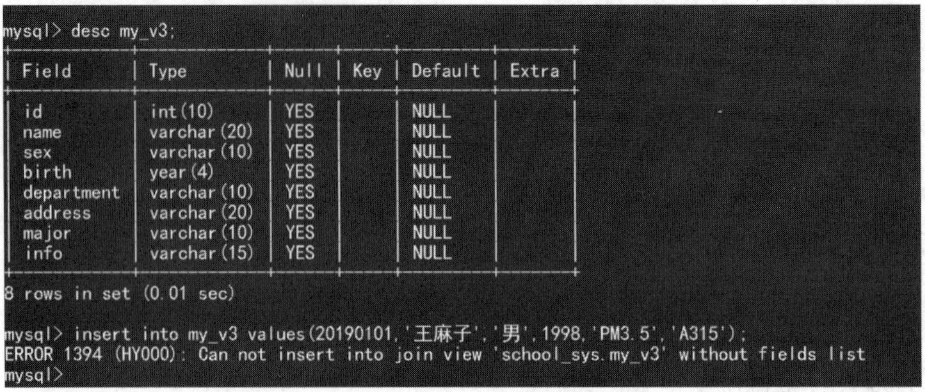

图 11-12　添加一条数据记录

通过视图添加数据有一些限制，具体限制如下。

【限制 1】　多表视图不能新增数据。

无法在没有字段列表的情况下将数据插入连接视图 test.my_v3 中。

【限制 2】　可以向单表视图新增数据，但视图中包含的字段必须有基表中所有不能为空的字段。

执行如下 SQL 语句对视图中新增数据的"限制 2"进行测试。

（1）查询 student 表结构。

desc student;

（2）创建视图 my_v4。

create view my_v4 as select id,name,sex,birth from student;

（3）在单表视图中新增数据。

insert into my_v4 values(7,'王麻子',1999);

在单表视图中新增数据的效果如图 11-13 所示。

（4）查询 class 表数据的 SQL 语句如下。

select * from class;

查询结果如图 11-14 所示，可见新增的数据无法插入 class 表中。

下面是正确的操作。

```
mysql> desc student;
+------------+-------------+------+-----+---------+-------+
| Field      | Type        | Null | Key | Default | Extra |
+------------+-------------+------+-----+---------+-------+
| id         | int(10)     | YES  |     | NULL    |       |
| name       | varchar(20) | YES  |     | NULL    |       |
| sex        | varchar(10) | YES  |     | NULL    |       |
| birth      | year(4)     | YES  |     | NULL    |       |
| department | varchar(10) | YES  |     | NULL    |       |
| address    | varchar(20) | YES  |     | NULL    |       |
+------------+-------------+------+-----+---------+-------+
6 rows in set (0.00 sec)

mysql> create view my_v4 as select id,name,birth from student;
Query OK, 0 rows affected (0.00 sec)

mysql> insert into my_v4 values(7,'王麻子',1999);
Query OK, 1 row affected (0.01 sec)

mysql>
```

图 11-13　在单表视图中新增数据效果

```
mysql> select * from class;
+----+--------+-----+-------+--------+------+
| id | name   | sex | birth | major  | info |
+----+--------+-----+-------+--------+------+
|  1 | 张勇   | 男  | 1997  | 外语   | A315 |
|  3 | 张小天 | 女  | 1999  | 数学   | A402 |
|  4 | 李欣   | 男  | 2000  | 计算机 | A202 |
|  5 | 张雯雯 | 女  | 1999  | 法学   | B215 |
+----+--------+-----+-------+--------+------+
4 rows in set (0.00 sec)
```

图 11-14　查询 class 表数据信息

（1）创建视图 my_v5。

create view my_v5 as select * from class;

（2）在单表视图中新增数据。

insert into my_v5 values(6,'贺九','男',2000,'哲学','B217');

（3）查询 class 表数据。

select * from class;

以上操作如图 11-15 和图 11-16 所示，可见新增的数据已经插入 class 表中。

```
mysql> create view my_v5 as
    -> select * from class;
Query OK, 0 rows affected (0.00 sec)
```

图 11-15　创建视图

提示：删除数据的相关操作与新增数据的操作是类似的，多表视图不能删除数据，单表视图可以删除数据。

执行如下 SQL 语句进行测试。

select * from my_v2;
select * from my_v5;

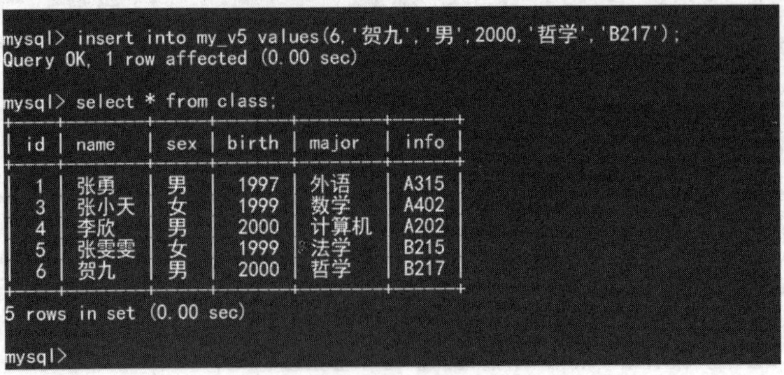

图 11-16 查询表信息

```
delete from my_v5 where id=2;
select * from my_v5;
```

以上语句的执行效果如图 11-17 所示。

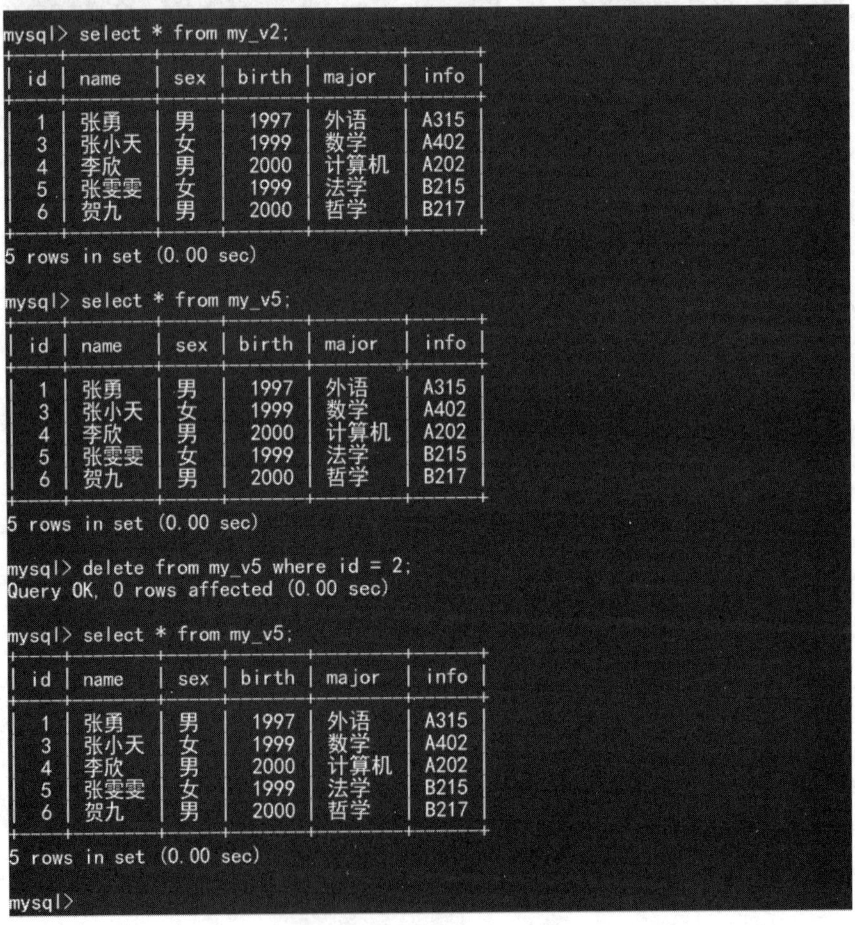

图 11-17 查看多表视图

注意：如果在视图中没有包含不能为空的字段，那么向视图中新增数据时会报错。比如，如果 student 表中的 sex 字段为 not null，在创建其视图时没有添加 sex 字段，在插入新数据时就会报错。换一个角度考虑，在 MySQL 中尝试将视图中新增的数据（一条记录）插入基表时，忽然发现一个不能为 null 的字段的值为默认值 null，自然就会报错；反之，如果单表视图中包含了基表中的全部非空字段，则可以成功插入。

11.3.2　通过视图更新数据

MySQL 中的数据可以进行添加和删除操作，那么同样，无论是多表视图还是单表视图，也应该可以进行数据的更新操作。

（1）查询单表视图 my_v5 的 SQL 语句如下：

select * from my_v5;

（2）更新单表视图 my_v5 的 SQL 语句如下：

update my_v5 set major='计算机' where id=5;

（3）查询单表视图 my_v5，结果如图 11-18 所示。

select * from my_v5;

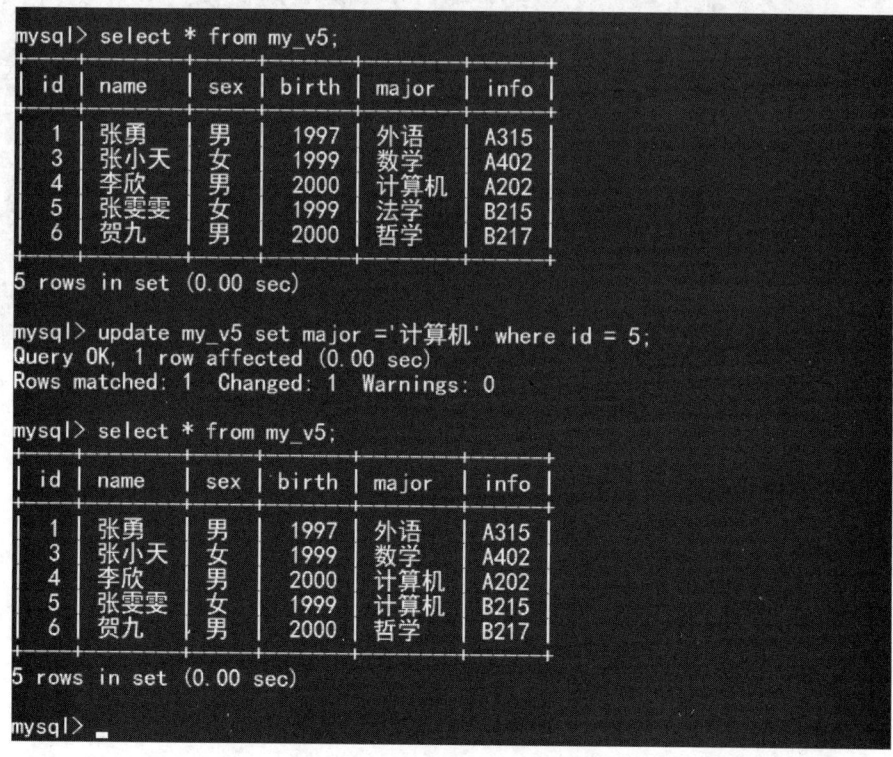

图 11-18　通过视图更新数据

此外，更新视图数据并不总是成功的，这是因为有更新限制的存在。那么什么是更新限制呢？更新限制（with check option）就是在创建视图时设置了某个字段的限制，在对视图进行更新操作时，系统就会进行验证，要保证更新之后数据依然可以被查出来，否则不能更新。

执行如下 SQL 语句对以上说法进行测试。

（1）创建单表视图 my_v6。

create view my_v6 as select * from student where birth<2000 with check option;

（2）查询单表视图 my_v6。

select * from my_v6;

（3）更新单表视图 my_v6。

update my_v6 set birth=22 where id=20190402;

如图 11-19 所示，在更新视图时操作失败，这是因为其违反了设置的更新限制。

```
mysql> create view my_v6 as
    -> select * from student where birth<2000 with check option;
Query OK, 0 rows affected (0.00 sec)

mysql> select * from my_v6
    -> ;
+----------+--------+------+-------+------------+------------------+
| id       | name   | sex  | birth | department | address          |
+----------+--------+------+-------+------------+------------------+
| 20190201 | 张勇   | 男   | 1998  | 计算机系   | 四川省成都市     |
| 20190301 | 李涛   | 男   | 1997  | 电子系     | 四川省德阳市     |
| 20190401 | 张小天 | 女   | 1999  | 汽车系     | 四川省绵阳市     |
| 20190402 | 陈丽   | 女   | 1996  | 汽车系     | 四川省绵阳市     |
|        7 | 王麻子 | NULL | 1999  | NULL       | NULL             |
+----------+--------+------+-------+------------+------------------+
5 rows in set (0.01 sec)

mysql> update my_v6 set birth = 2002 where id = 20190402;
ERROR 1369 (HY000): CHECK OPTION failed 'school_sys.my_v6'
mysql>
```

图 11-19　更新视图失败

那么视图之外的数据能不能修改呢？执行如下 SQL 语句进行测试。

（1）查询单表视图 my_v6。

select * from my_v6;

（2）更新单表视图 my_v6。

update my_v6 set birth=1996 where id=20190402;

（3）查询单表视图 my_v6。

select * from my_v6;

如图 11-20 所示，更新视图 my_v6 之外数据时显示成功。但是重新查询视图 my_v6 数据时，发现并没有真正更新成功，这是为什么呢？原因就是不能通过视图操作视图之外的数据。

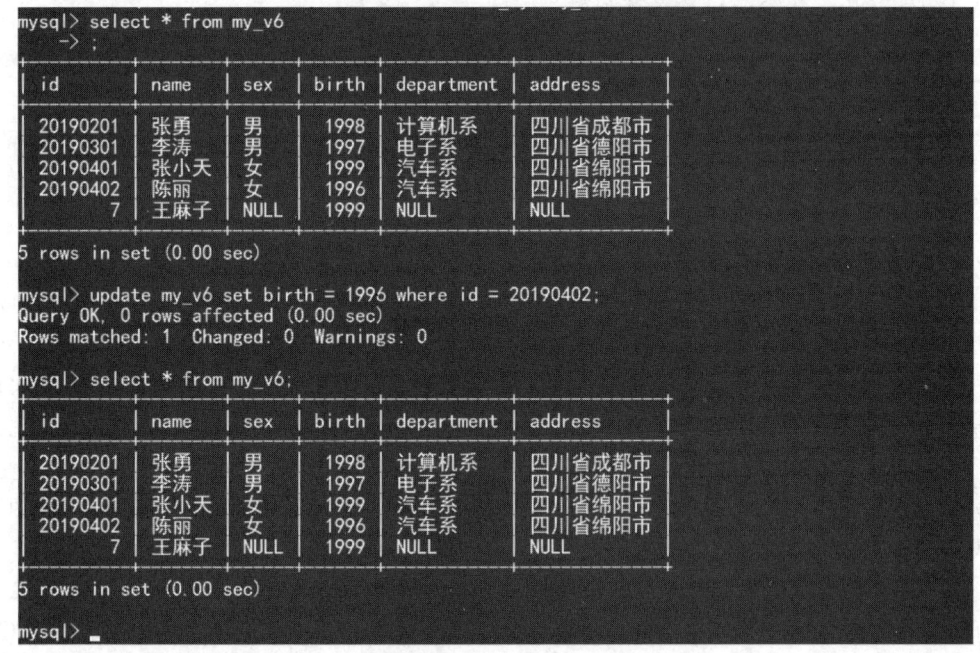

图 11-20　视图的操作

11.4　视图限制

1. 创建或使用视图的限制

（1）MySQL 的视图名称不能和现有表名重复。

（2）视图所对应的表不能是临时表。select into 语句可以建立临时表，在 create view 语句中不能使用 into 语句。

（3）如果预处理语句调用了视图，视图就不能变了。

（4）在 create view 语句中不能使用联合操作符 union。

（5）定义视图的查询语句中不能使用某些关键字。

（6）不能给视图添加索引。例如：

mysql> create index aa_index on aa_test (c_id);

以上语句产生以下错误信息：

error 1347 (HY000): 'test.aa_test' is not base table　　//添加索引会报错

2. 更新视图的限制

（1）select 子句不能包含 distinct。
（2）select 子句不能包含聚合函数。
（3）from 子句不能包含多个表。
（4）where 子句不能包含一个关联性子查询。
（5）select 语句不能包含一个 group by 子句。
（6）select 语句不能包含一个 order by 子句。
（7）select 语句不能包含一个集合运算符。
（8）不能更新一个虚拟列。例如，以下语句会报错：

```
create view ages(playerno,begin_age) as select playerno,joined-year(birth_date) from players;
```

（9）select 子句必须包含 from 子句中指定的表中的所有列，但这些列不允许为空值或者没有指定默认值。

（10）如果删除或重命名视图所基于的表，则 MySQL 不会发出任何错误信息。但是，MySQL 会使视图无效。可以使用 check table 语句检查视图是否有效。一个简单的视图可以更新表中数据。另外，包含具有连接、子查询等复杂 select 语句创建的视图无法更新。

注意：MySQL 5.7.7 之前的版本不能在 select 语句的 from 子句中使用子查询定义视图。MySQL 不像 Oracle、PostgreSQL 等其他数据库系统那样支持物理视图，MySQL 不支持物理视图。

11.5 小　　结

本章介绍了视图的相关知识，要清楚视图是一个投影或映射的概念，它是一张虚表。在访问视图时，它返回的是其他表中生成的数据。而对视图的操作会反馈到真实的表结构中，无论是增加操作、修改操作还是删除操作，都会改变表中真实的数据。

11.6 习　　题

student 表如表 4-6 所示，在该表基础上创建视图。
（1）在 student 表上创建视图 stu_view。视图的字段包括 id、name、department。
（2）向 stu_view 视图中插入几条记录，并查看该视图。
（3）查询该视图中学生的姓名。
（4）查询该视图中计算机系学生的信息。
（5）删除某一条记录，并查看视图。
（6）删除 stu_view 视图。

第 12 章 用户权限管理

数据库的安全性是数据库管理系统中的重要组成部分,也是数据能够被合理访问和修改的基本前提。MySQL 提供了有效的数据库访问安全机制。

本章主要内容如下:
- 了解 MySQL 数据库权限管理的基础知识。
- 重点掌握用户添加、删除、重命名和密码修改权限。
- 重点掌握数据库权限的授予和撤销。

【相关单词】
(1) authentication:认证
(2) login:登录
(3) permission validation:权限验证
(4) deny:拒绝
(5) user:用户
(6) grant:授权
(7) revoke:撤销
(8) privilege:权限

12.1 添加和删除用户

在实际的 MySQL 数据库管理系统中,不同的用户可以对同一数据库进行操作,这必然要涉及数据库的添加用户(create user)、删除用户(drop user)、修改用户账户名(rename user)和修改密码(set password)等基本操作。

12.1.1 添加用户

在拥有 MySQL 数据库全局权限的情况下,可以使用 create user 命令或 MySQL 数据库中对表数据插入(insert)命令创建一个新的数据库用户。其语法格式如下:

```
create user 'username'@'localhost' identified by 'password';
```

其中,字符串 username 表示创建的用户账户名;字符串 localhost 是主机名;identified by 关键字用来设置用户的密码;字符串 password 表示用户的账户密码。MySQL 中的 create user 命令允许一次创建多个用户账户,且多个账户之间用英文逗号隔开,新用户在添加时可以没有初始密码。

在 MySQL 中,当执行 create user 命令时会创建一个新的 MySQL 账户,创建用户前必须具有全局权限或 insert 权限。每添加成功一个用户,则会在数据库中的 mysql.user 表中插入一条新的记录,但是新创建的用户是没有任何权限的。如果创建新用户时用户名已经存在,则会返回一条错误的提示信息。

【例 12-1】 在 MySQL 中使用 create user 命令添加名为 user1、user2 的两个账户,用户密码分别是 password1、password2,主机名为 localhost。其创建用户的命令如下:

```
create user 'user1'@'localhost' identified by 'password1', 'user2'@'localhost' identified by 'password2';
```

上述命令执行后,在 MySQL(版本号为 64 位的 MySQL 5.7.28 社区版)数据库中用查询语句查询如下(用户密码字段为 authentication_string,而非旧版本的 password):

```
select host,user,authentication_string from mysql.user;
```

查询结果如图 12-1 所示。

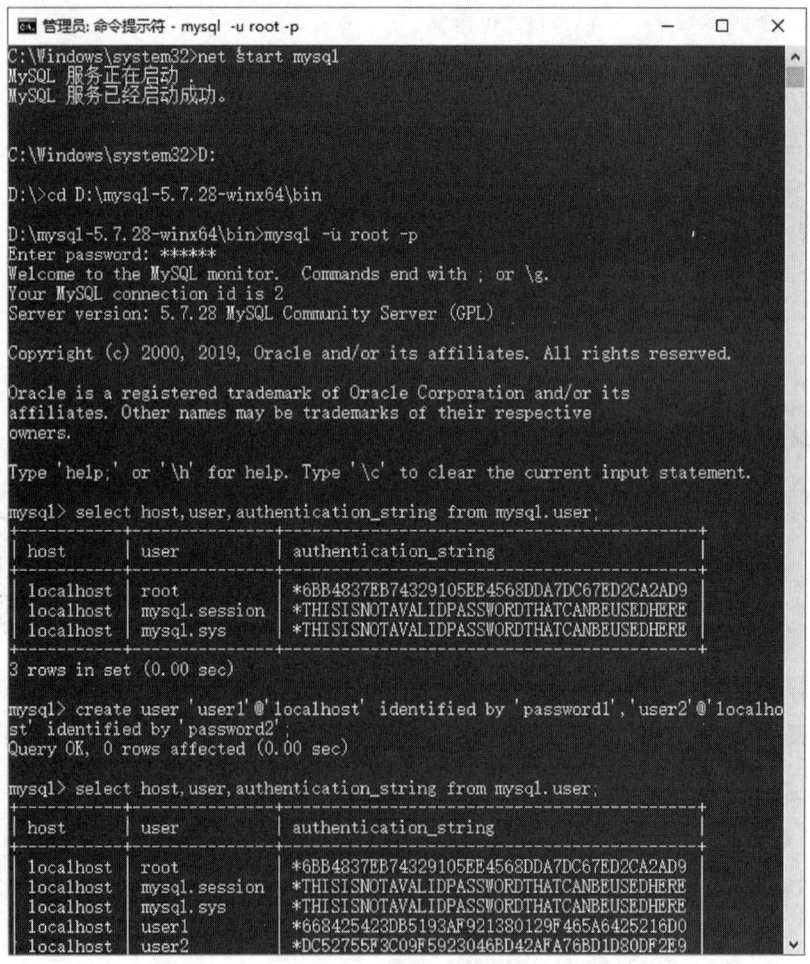

图 12-1 使用 create user 命令创建账户并进行查询

通过 create user 命令创建的用户密码在查询密码时是采用 MD5 加密的,因此创建账户时记住用户密码十分必要。可以直接利用账户名及密码登录 MySQL 数据库,但初始无任何操作权限。其操作结果如图 12-2 所示。

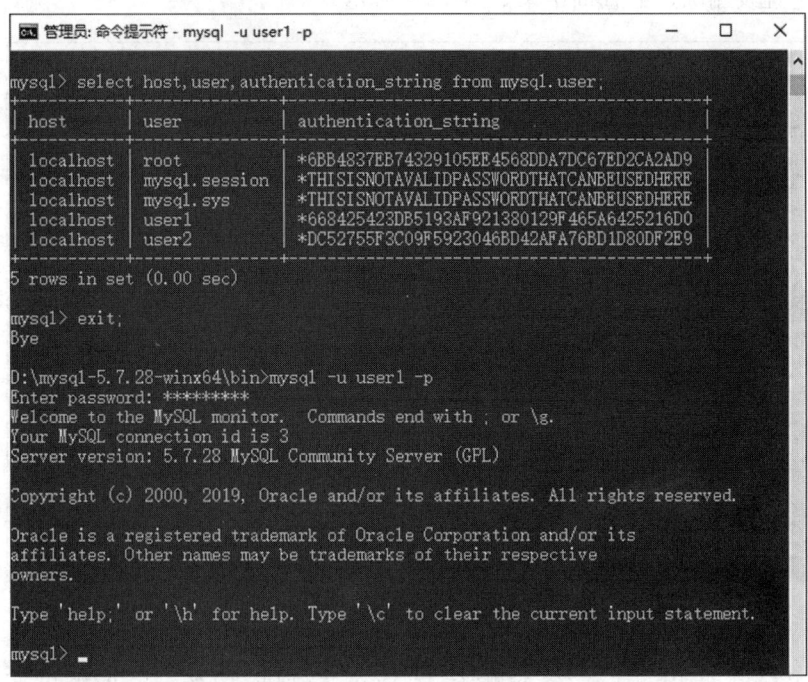

图 12-2 使用新创建 user1 账户登录 MySQL 数据库

12.1.2 删除用户

如果 MySQL 数据库中有一个或多个用户账户极少使用,应当考虑将这些账户删除,以确保数据库系统的安全。通常删除用户账户有两种方法。

(1) 利用 drop user 命令能够实现对数据库中某个或某几个特定的账户的删除操作。

(2) 由于账户的账户名及密码都存放在 mysql.user 表中,所以也可以根据删除表中记录的 delete 命令实现账户的删除。

以上两种方法的区别在于 drop user 命令不仅将 mysql.user 表中的数据删除,还会删除其他权限表中的内容;delete 命令只会删除 mysql.user 表中的内容,需要结合 flush privileges 刷新权限表,否则下一次使用 create 命令时会报错。

drop user 命令格式如下:

```
drop user 'username'@'localhost';
```

其中,字符串 username 是被删除的账户名;localhost 是主机号。drop user 命令可以一次性删除多个账户,各个账户之间用英文逗号隔开。

【例12-2】 使用 drop user 命令删除 user1 账户，其删除语句如下：

```
drop user 'user1'@'localhost';
```

执行过程及删除后的查询结果如图 12-3 所示。

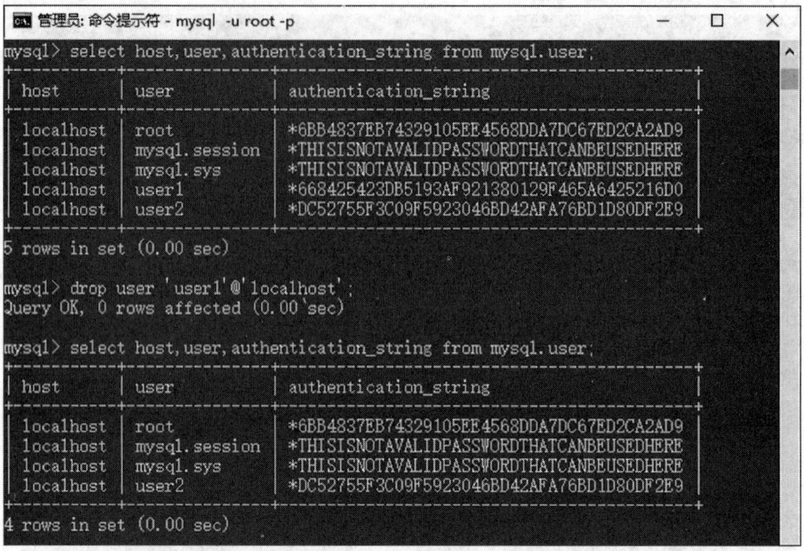

图 12-3　使用 drop 命令删除 user1 账户

【例12-3】 使用 delete 命令删除 MySQL 数据库中的 user2 账户，并用 flush privileges 命令刷新权限表，其命令如下：

```
delete from mysql.user where user='user2' and host='localhost';
```

执行过程及删除后的 mysql.user 表中的结果如图 12-4 所示。

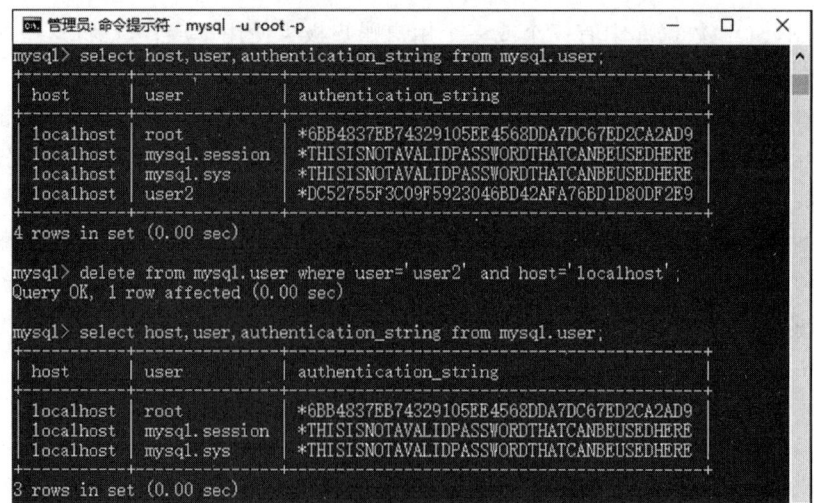

图 12-4　使用 delete 命令删除 user2 账户

12.1.3 修改用户账户名

在用户登录数据库账户并操作数据库时,为了更好地区分不同账户并达到见名知意的需求,通常需要对用户账户名进行更改或重命名。在 MySQL 数据库中提供了 rename user 命令实现用户账户名的重命名,也可以使用 MySQL 数据库中对表更新数据的 update 命令来实现。若要更新的账户不存在或者账户名重复,则会出现错误。

rename user 命令的语法格式如下:

```
rename user 'old_user'@'localhost' to 'new_user'@'localhost';
```

其中,old_user 为已经存在的账户名;new_user 为新的账户名;localhost 为主机号。

【例 12-4】 使用 rename user 命令将账户 user1 更改为 tom。MySQL 数据库命令如图 12-5 所示。

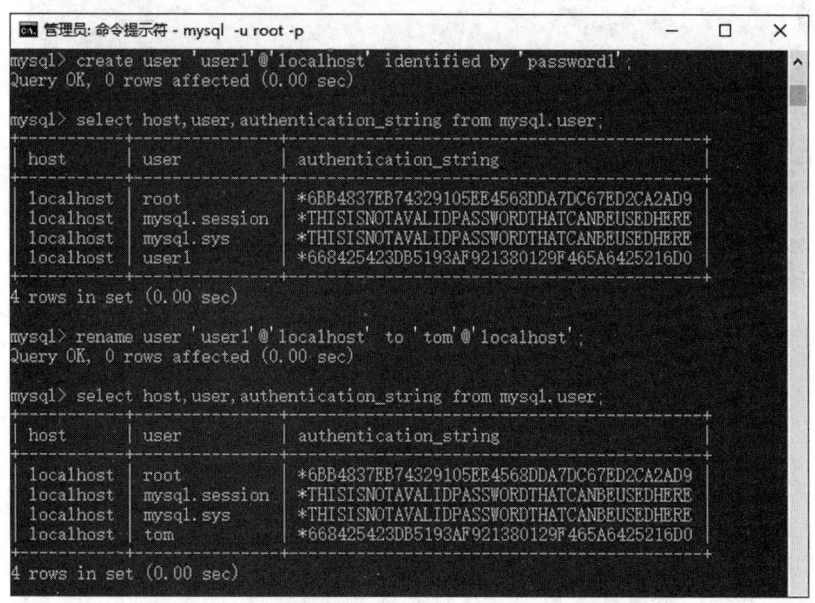

图 12-5 使用 rename user 命令修改 user1 账户名

12.1.4 修改密码

在 MySQL 数据库中,root 用户拥有非常高的权限,不仅可以修改自身的登录密码,而且能够修改其他账户的密码。普通用户能够修改自己的密码而不需要经过管理员的授权。

MySQL 中提供了 set password 命令,允许用户在已有权限下对密码进行修改,其语法格式如下:

```
set password [for 'username'@'localhost']=password('newpassword');
```

【例 12-5】 使用 set password 命令将账户 tom 的数据库登录密码 password1 修改为 123456。其命令如下：

set password for 'tom'@'localhost' =password('123456');

省略 for 'username'@'localhost'是对当前登录的用户进行密码修改，添加 for 'username'@'localhost'是对某一特定账户进行密码修改。修改密码前使用 tom 账户和密码成功登录数据库，利用 set password 命令修改密码后，再次利用原有 tom 账户和密码无法登录数据库，其命令执行结果如图 12-6 所示。

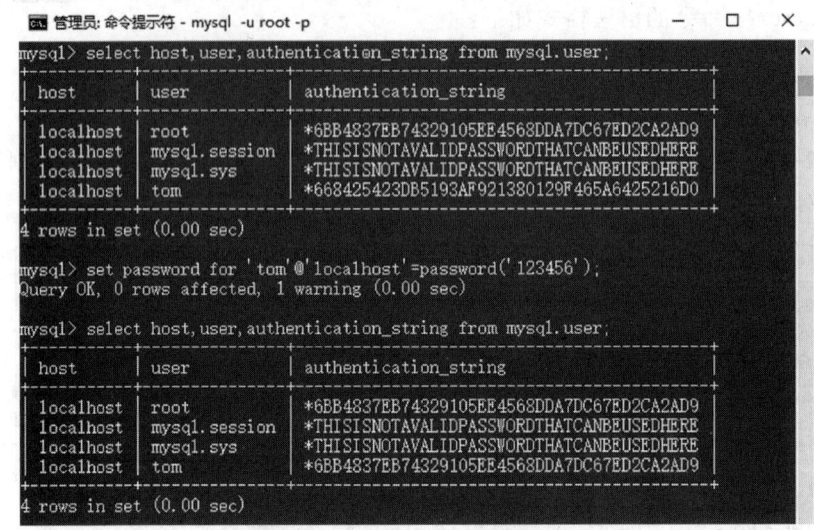

图 12-6　修改 tom 账户的登录密码

12.2　权　限　管　理

MySQL 数据库权限管理主要是对数据库中用户账户的权限进行管理，涉及权限的授予和回收。数据库管理员会根据具体用户账户进行权限的授予以完成特定的功能需求，并根据用户账户的实际情况回收相应的权限。所有用户的权限都存储在 MySQL 的权限表中，不合理的权限分配会给 MySQL 数据库服务带来一定的安全隐患，数据库管理员正确合理地给不同账户分配和回收权限尤为重要。

MySQL 权限系统的主要功能是验证每一台连接到给定主机的用户，并为这些用户账户赋予数据库中的 select、insert、update 和 delete 命令权限。

12.2.1　权限

MySQL 数据库中有多种权限，这些权限都存放在 MySQL 数据库中的权限表中。其中，user 表是 MySQL 中最重要的一个权限表，存储着所有连接到数据库服务器的账号和相关联的信息，具有全局级的权限。

在表 12-1 中列出了 MySQL 的各种权限和 user 表中对应的列及权限的范围等信息。

表 12-1　MySQL 数据库权限表

权 限 名 称	user 表中的列	默认值	权 限 范 围
create	create_priv	N	数据库、表或索引
drop	drop_priv	N	数据库或表
grant option	grant_priv	N	数据库、表或存储过程
references	references_priv	N	数据库或表
alter	alter_priv	N	修改表
delete	delete_priv	N	删除表
index	index_priv	N	用索引查询表
insert	insert_priv	N	插入表
select	select_priv	N	查询表
update	update_priv	N	更新表
create table	create_view_priv	N	创建视图
show view	show_view_priv	N	查看视图
alter routine	alter_routine_priv	N	修改存储过程或函数
create routine	create-routine_priv	N	创建存储过程或函数
execute	execute_priv	N	执行存储过程或函数
file	file_priv	N	加载服务器主机上的文件
create temporary tables	create temp-table_view	N	创建临时表
lock tables	lock_tables_priv	N	锁定表
create user	create_user_priv	N	创建用户
process	process_priv	N	服务器管理
reload	reload_priv	N	重新加载权限表
replication client	repl_client_priv	N	服务器管理
replication slave	repl_slave_priv	N	服务器管理
show databases	show_db_priv	N	查看数据库
shutdown	shutdown_priv	N	关闭服务器
super	super_priv	N	超级权限

从表 12-1 中不难看出数据库中有多种权限，MySQL 数据库管理员通过 grant 和 revoke 命令实现对用户账户权限的授予和回收并提供多种控制，从关闭数据库服务器到修改特定表字段中的信息都能操作。

12.2.2 授权权限

MySQL 数据库管理员在利用 create user 命令创建用户账户后,新建的数据库用户是没有任何对数据表操作的权限的,因此需要管理员将某些权限授予用户后,用户才能使用这些权限进行数据库的操作。MySQL 数据库利用 grant 命令为用户账户授权,但前提是必须拥有 grant 权限的用户才能执行授权操作。

使用 grant 为用户授予权限的基本语法格式如下:

grant privileges on databasename.tablename to 'username'@'localhost';

其中,privileges 是权限名称,如 select、update、delete 等,对不同的对象授予的权限也可以不同。on 关键字后面指明权限操作的对象是某个数据库或数据表。to 是将权限赋予特定账户名的用户,使该用户具有操作数据库或表的权限。简而言之,grant 命令就是赋予某个用户对指定数据库或数据表的某一种或某一组操作的权限。

1. 授予表操作权限(针对表字段)

grant 命令可以实现对用户授予整个表全部字段或部分字段的操作权限。

(1) grant select,delete on mysql.user to 'tom'@'localhost';

命令解释:授予账户 tom 对 mysql.user 表中全部字段的 select、delete 命令操作权限。

(2) grant update(host,user) on mysql.user to 'tom'@'localhost';

命令解释:授予账户 tom 对 mysql.user 表中 host 字段和 user 字段的 update 命令操作权限。

【例 12-6】 处于登录状态的 tom 用户查询 mysql.user 数据表中 host、user、authentication_string 字段时提示无 select 查询权限,退出 tom 账户后登录 root 账户(具有 grant 授予权限),并执行 grant 命令为 tom 用户授予对 mysql.user 数据表的 select(查询)、delete(删除)操作权限,退出 root 账户后再登录 tom 账户并执行对 mysql.user 数据表的 select 操作,其运行结果如图 12-7 和图 12-8 所示。

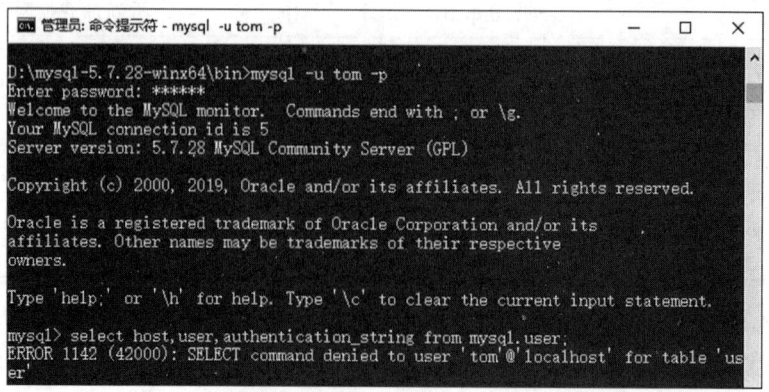

图 12-7 未授予 select 权限的 tom 账户的查询操作

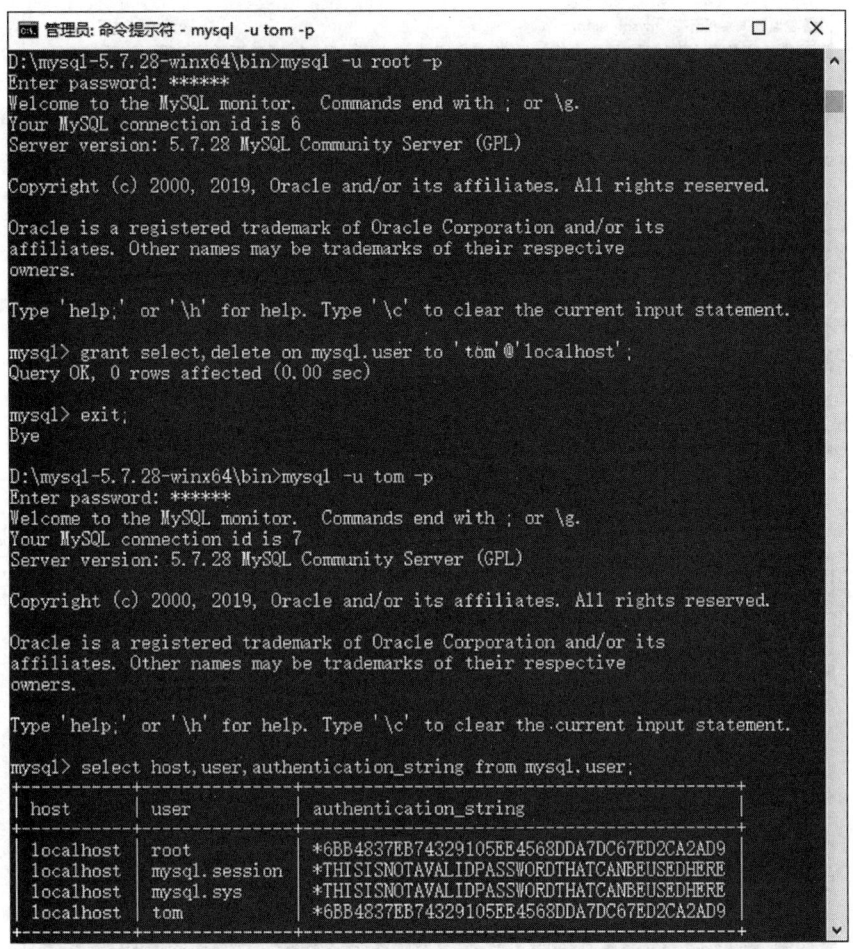

图 12-8　授予 select 权限的 tom 账户的查询操作

2. 授予数据库操作权限（针对数据库表）

MySQL 除了授予表权限外，还支持整个数据库的权限。拥有 grant 命令权限的用户可以利用 grant 命令为其他用户授予操作数据库所有表的一种或全部权限。

（1）grant select on mysql.* to 'tom'@'localhost';

命令解释：授予账户 tom 操作系统数据库 mysql 中所有表的 select 权限。

（2）grant all on mysql.* to 'tom'@'localhost';

命令解释：授予账户 tom 操作系统数据库 mysql 中所有表的全部权限。

【例 12-7】　授予账户 tom 对系统数据库 mysql 所有表的 select 权限。登录未授权的 tom 账户无法使用系统数据库 mysql 和查询数据库 mysql 中 db 表的 host、db、user 字段。通过登录 root 账户对 tom 账户授权数据库 mysql 所有表的 select 权限后，再切换登录 tom 账户，便可实现对 db 表的 select 操作。其运行结果如图 12-9 和图 12-10 所示。

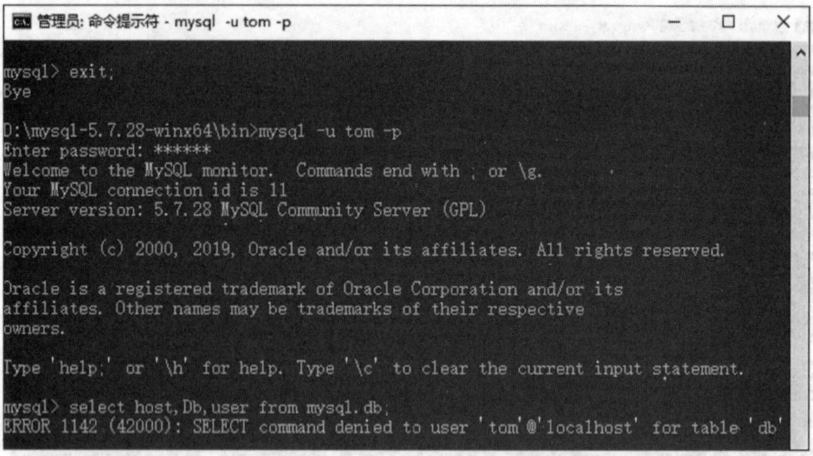

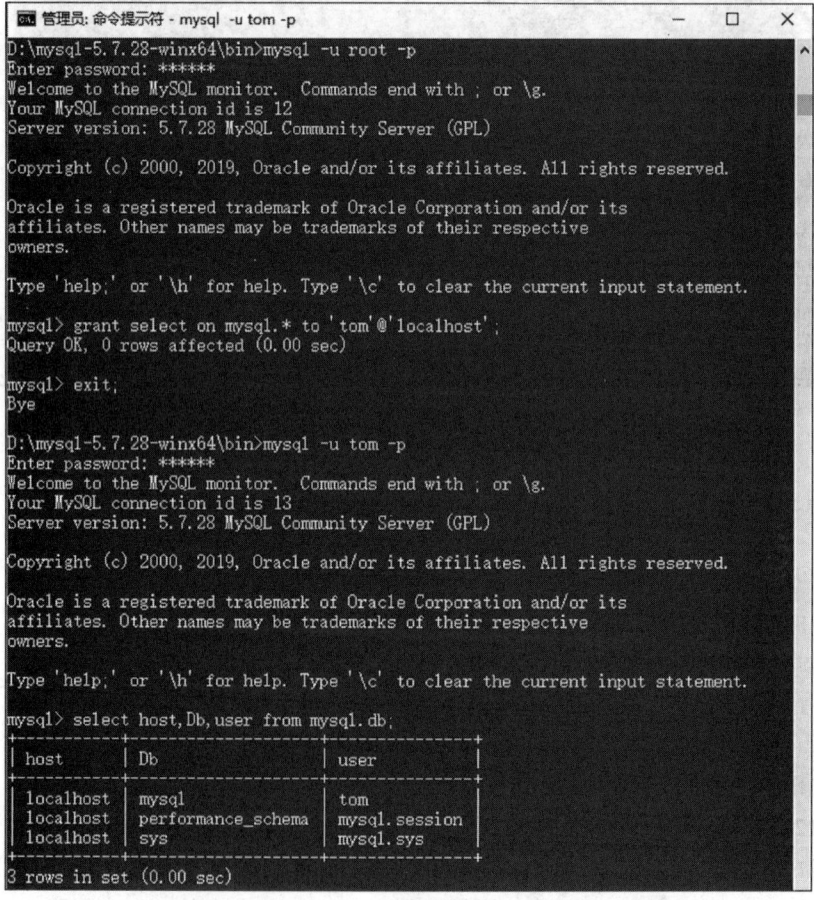

图 12-9 未授予 tom 账户操作数据库 mysql 的权限查询 db 表

图 12-10 授予 tom 账户操作数据库 mysql 的全部权限

3. 授予用户权限(针对用户)

在数据库系统中,最有效率的是用户权限,授予权限的对象通常是某个用户,而权限对应的操作往往是数据库中的数据表或者数据表中的字段。假如授予某个用户 create 权限,那么该用户就能自行创建新的数据库,也可以在所有的数据库中(而非指定的数据库)创建新的数据表。

【例 12-8】 授予用户 jack 对数据库系统中所有表的 create 和 update 权限。

grant create,update on *.* to 'jack'@'localhost' identified by '123456';

命令解释:在利用 grant 命令授权的同时新建一个名为 jack、登录密码为 123456 的账户,并授予所有数据库中表的 create 和 update 权限。具体运行结果如图 12-11 所示。

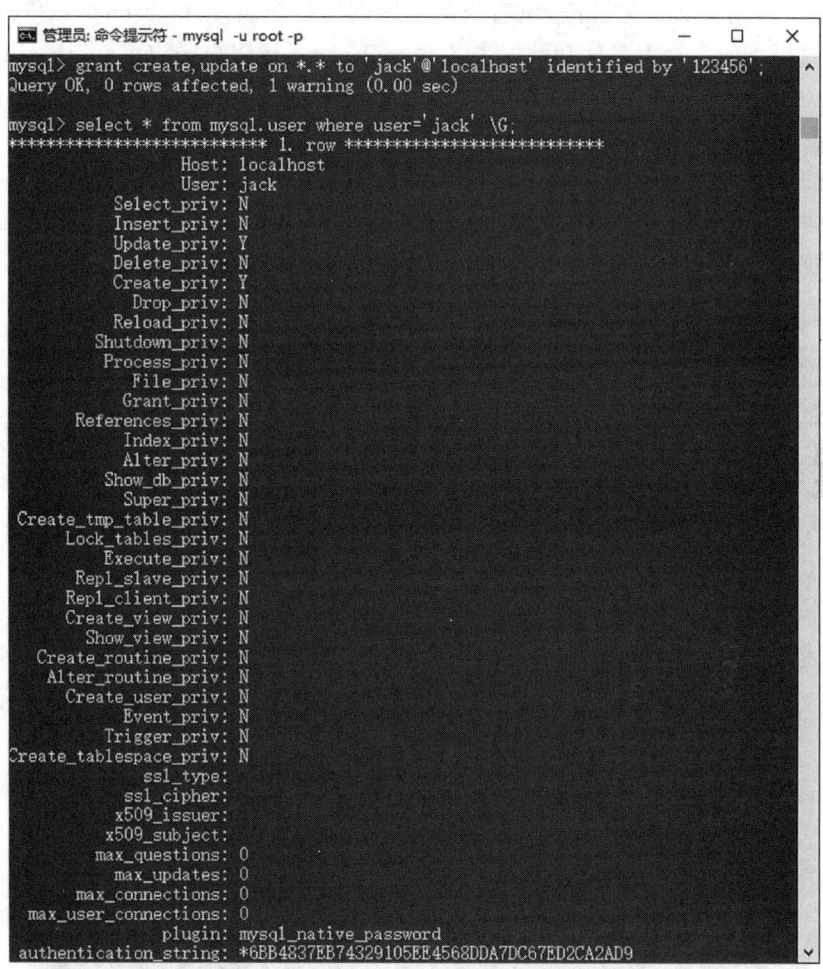

图 12-11 授予用户 jack 全局的 create、update 权限

12.2.3 撤销授予权限

撤销权限是撤销已授予用户对表、视图、表值函数、存储过程、扩展存储过程、标量函数、聚合函数、服务队列或同义词等方面的权限。撤销用户不必要的权限能够提高数据库系统的安全性。高级别的权限账户可以根据需要利用 revoke 命令撤销其他中低级别账户的权限。撤销权限命令 revoke 的基本语法格式如下:

```
revoke priv_type{(column_list...)} on databasename.tablename from 'username'
@'localhost' with grant option;
```

其中,priv_type 指权限名称,多个权限用英文逗号分隔;column_list 指表中的字段名称,多个字段用英文逗号分隔,没有指明字段则为整个表;databasename 和 tablename 分别指权限操作的数据库名称和数据表名称;username 指用户账户名;with grant option 表示 from 后的用户都能将所指定的权限授予其他用户,而不考虑其他用户是否拥有该权限。

【例 12-9】 撤销例 12-7 中 tom 账户对系统数据库 mysql 所有表的 select 权限。退出 tom 账户后,登录 root 账户并撤销 tom 账户对 mysql 数据库所有表的 select 权限,再次查询数据库 mysql 中的 db 表显示拒绝访问。其运行结果如图 12-12 所示。

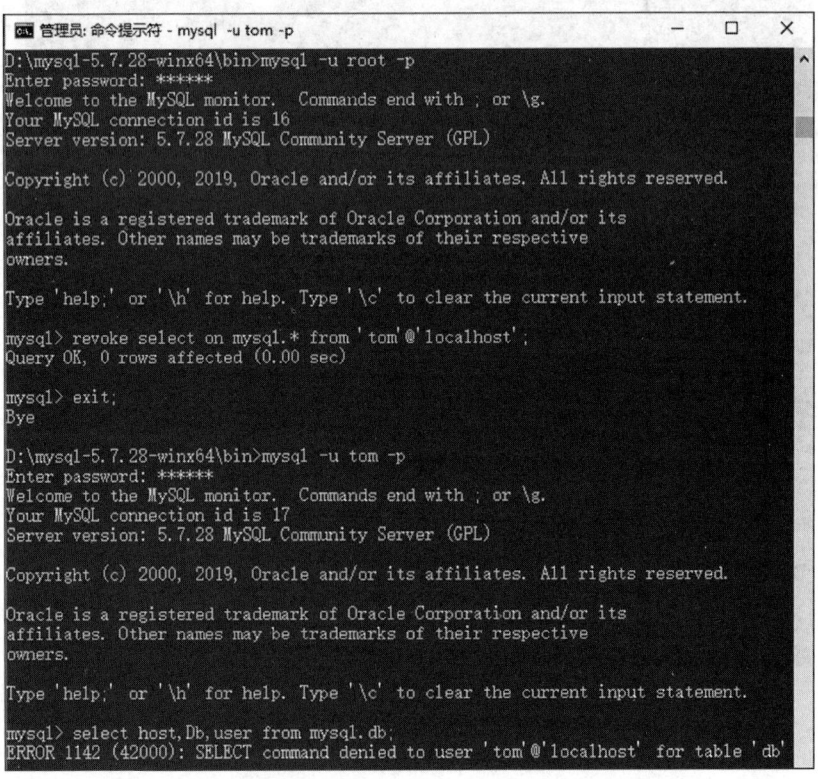

图 12-12 撤销 tom 账户操作数据库 mysql 所有表的 select 权限

数据库管理员在为每个用户授权时应当格外小心，不当的授权会导致数据库数据的泄露，从而影响数据库的安全。一旦发现授权的账户和权限过多，应该利用 revoke 命令尽快回收权限。特别需要提醒的是，如非必要，尽量不要为中低级的普通用户账户授予 grant 权限和 super 权限。

12.3　小　　结

本章主要介绍了数据库中通过创建用户、删除用户、修改用户名、重置用户密码等命令对数据库用户进行管理。过多的数据库用户会影响数据库的整体性能和数据库安全性，应当对数据库中的闲置用户进行清理。对于不同用户使用数据库或数据表时，可以通过授权命令授予用户所需的某种操作或某组权限。特别需要注意的是，用户拥有权限过多时，会对数据库的安全造成威胁，可考虑使用撤销权限命令适当撤销用户的操作权限。

12.4　习　　题

1. 填空题

(1) 修改数据库用户名称的命令是_____。
(2) 授予数据库用户权限的命令是_____。
(3) 修改数据库用户密码的命令是_____。
(4) 删除名为 tom 用户的命令行语句是_____。

2. 选择题

(1) revoke 命令是用来（　　）。
　　A. 创建用户　　　　　　　　　B. 删除用户
　　C. 撤销用户权限　　　　　　　D. 授予用户权限
(2) （　　）数据库命令用来显示当前登录账户的权限。
　　A. show user　　　　　　　　B. show privileges
　　C. show grants　　　　　　　D. show grants for
(3) 假如要给 MySQL 数据库创建一个用户名为 jack、密码为 123456 的用户账户，以下正确的创建语句是（　　）。
　　A. create user 'jack'@'localhost' identified by '123456';
　　B. create user '123456'@'localhost' identified by 'jack';
　　C. create users 'jack'@'localhost' identified by '123456';
　　D. create users '123456'@'localhost' identified by 'jack';

3. 简答题

（1）数据库中表权限、表列权限、数据库权限和用户权限有何差异？

（2）在使用 create user 命令创建数据库新账户时，新建的账户有何权限？

（3）在数据库管理系统中，如何利用权限管理提高数据库的安全性？

参 考 文 献

[1] 黄缙华.MySQL 入门很简单[M].北京：清华大学出版社,2015.
[2] 软件开发技术联盟.MySQL 自学视频教程[M].北京：清华大学出版社,2014.
[3] 黄龙泉,王磊,林程华.MySQL 数据库原理及应用[M].北京：中国铁道出版社,2017.
[4] 孔祥盛.MySQL 数据库基础与实例教程[M].北京：人民邮电出版社,2014.
[5] 传智播客高教产品研发部.MySQL 数据库入门[M].北京：清华大学出版社,2015.
[6] 孙飞显.MySQL 数据库实用教程[M].北京：清华大学出版社,2015.
[7] 李辉.数据库技术与应用：MySQL[M].北京：清华大学出版社,2016.
[8] 付森.MySQL 开发与实践[M].北京：人民邮电出版社,2014.
[9] 武洪萍.MySQL 原理及应用[M].北京：人民邮电出版社,2014.
[10] 刘玉红,郭广新.MySQL 数据库应用案例课堂[M].北京：清华大学出版社,2016.
[11] 刘增杰.MySQL 5.5 从零开始学[M].北京：清华大学出版社,2012.